彩图 1　黄瓜 RIL 群体果实多样性

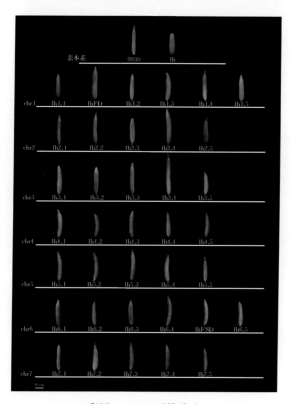

彩图 2　NIL 群体代表

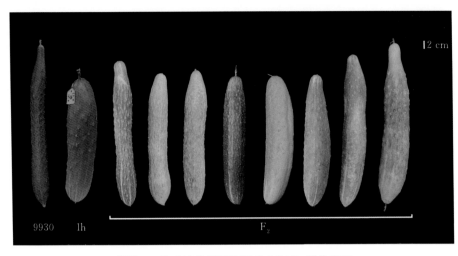

彩图 3　黄瓜遗传图谱作图亲本和 $F_2$ 群体表型

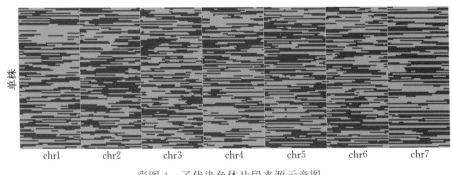

彩图 4　子代染色体片段来源示意图

注：横坐标是遗传位置，纵坐标是单株编号（与图谱完整信息表中的单株顺序对应）。蓝色区段表示来源于亲本 A，红色区段表示来源于亲本 B，绿色为杂合区段，两个标记之间的交换默认发生在中点位置。

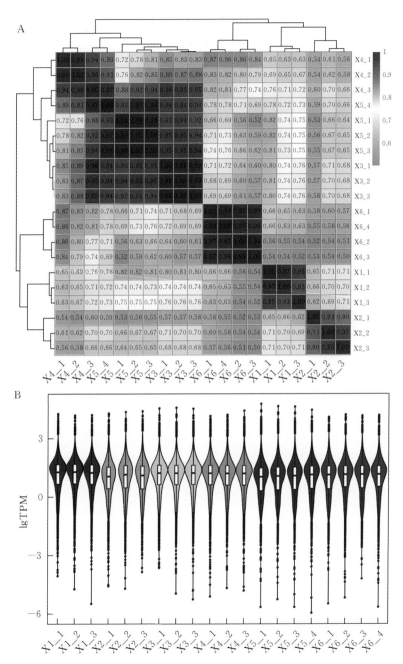

彩图 5 黄瓜徒长转录组测序样品的相关性检验

注：图 A 为所有样品的相关性系数计算。图 B 为所有样品的基因表达量分布情况。X1 与 X2 分别代表高温条件下的对照组与处理组；X3 与 X4 分别代表弱光条件下的对照组与处理组；X5 与 X6 分别代表黄瓜 9930 与超长下胚轴突变体。

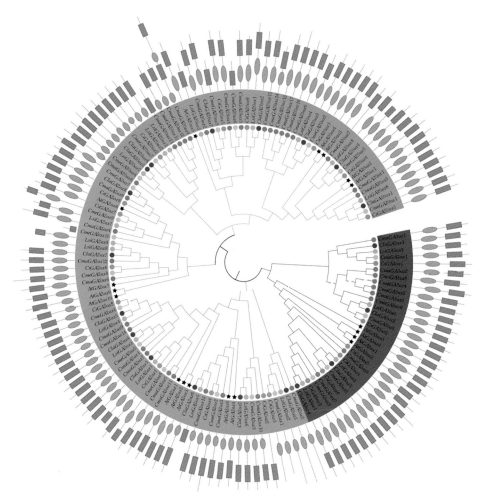

**彩图 6 赤霉素氧化酶基因家族系统发育分析**

注：系统进化树内部的 4 种颜色代表 4 个不同的亚家族，青色为 $C_{19}$ - GA2ox，绿色为 $C_{20}$ - GA2ox，红色为 GA3ox，蓝色为 GA20ox。黑色星形和枝条末端的 5 个彩色圆圈用以区分拟南芥和 5 种葫芦科植物。外围橙色矩形和灰色椭圆为蛋白序列的结构域，分别代表 2OG - FeⅡ _ Oxy 和 DIOX _ N。

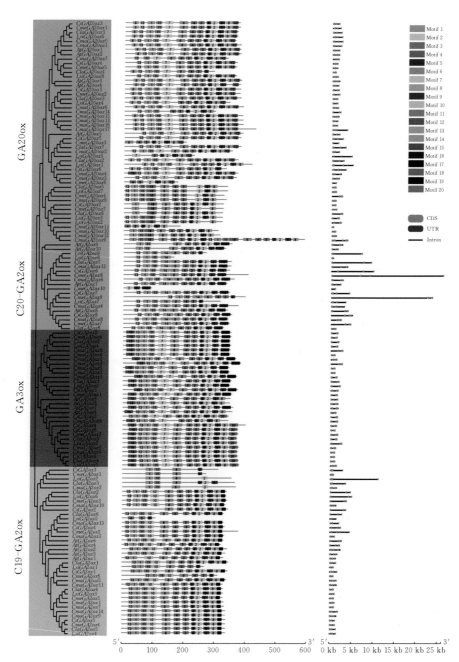

彩图 7　赤霉素氧化酶基因家族不同亚群的保守蛋白基序和基因结构

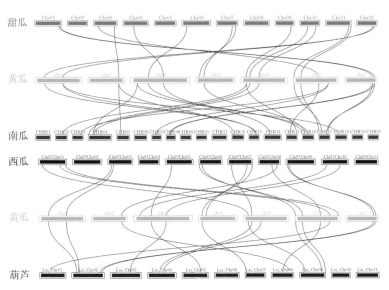

彩图 8　黄瓜与其他 4 种瓜类作物中赤霉素氧化酶基因家族的共线性关系

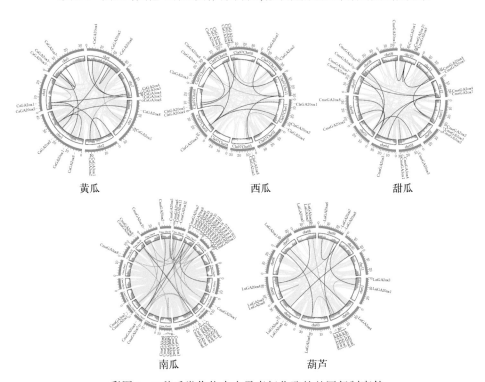

黄瓜　　　　　　　　西瓜　　　　　　　　甜瓜

南瓜　　　　　　　　葫芦

彩图 9　5 种瓜类作物中赤霉素氧化酶的基因复制事件

注：内圈中的条形图表示染色体上的基因密度。内部的线条代表基因复制事件，不同的颜色代表不同的类型。粉色、绿色、青色和紫色分别代表 WGD、TD、PD 和 TRD。

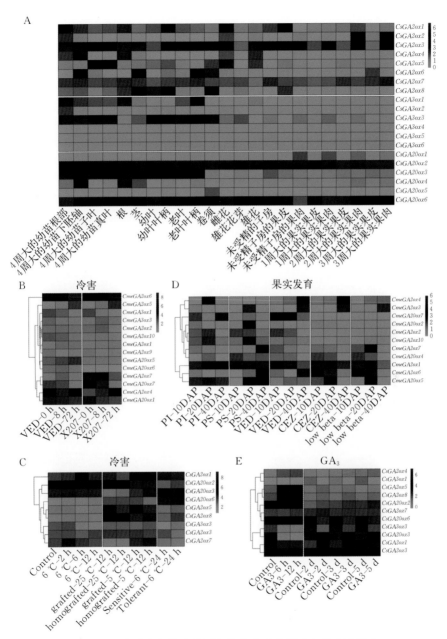

彩图 10　赤霉素氧化酶基因家族在黄瓜和甜瓜中的表达模式

# 黄瓜群体构建及不同表型分子研究

王文娇　著

中国农业出版社

北京

# 前　　言

黄瓜（*Cucumis sativus* L.）起源于喜马拉雅山南麓印度北部至尼泊尔附近，其栽培历史可以追溯到 3 000 年前。我国是世界上黄瓜生产面积最大、总产量最高的国家。据联合国粮食及农业组织最新统计，2022 年我国黄瓜种植总面积为 127 万 hm²，占全世界总种植面积的 59.1%；黄瓜总产量为 7 532 万 t，占全世界总产量的比值高达 80.6%。黄瓜作为我国设施栽培的主要蔬菜，其重要农艺性状一直是科研领域研究的重点。2009 年，黄瓜基因组测序的完成为进一步研究提高黄瓜外观品质和挖掘优质基因奠定了基础。

本书是著者近年来工作的集结，主要介绍了从构建黄瓜群体开始，进行黄瓜外观品质表型鉴定、QTL 定位；弱光处理后转录组测序、挖掘徒长相关候选基因；黄瓜蜡质合成关键基因筛选及功能验证；转录本组装、lncRNA 鉴定等生物信息学工作成果。全书分为 5 章。第一章为黄瓜群体构建，第二章为黄瓜外观品质相关研究，第三章为黄瓜下胚轴相关研究，第四章为黄瓜蜡质相关研究，第五章为黄瓜转录本组装及 lncRNA 鉴定。

在此感谢我的几位导师，中国农业大学的任华中先生、李志芳先生、王倩先生。感谢我参加工作后的领导，山西农业大学园艺学院侯雷平院长，以及我的合作伙伴——新疆农业科学院哈密瓜研究中心的刘斌研究员。感谢我的研究生王世峰、王宁、邢军杰、许兆颖、申成丞、魏玉平、杭硕、郜琪、钱琳娜、李安琪、文薪强、杜芩渠。

  在写作过程中，我努力保持内容准确和条理清晰，但书中难免会有疏漏之处，希望得到同行的批评和指导，使其更加完善。

2024 年 4 月 12 日

# 目　　录

# 第一章　黄瓜群体构建

黄瓜（*Cucumis sativus* L.）属于合瓣花亚纲（Sympetalae）葫芦目（Cucurbitales）葫芦科（Cucurbitaceae）（董邵云等，2020）。黄瓜的栽培历史可以追溯到 3 000 年前的古印度，此后黄瓜由两路传入中国：一是汉武帝时期由张骞出使西域传入中国北方地区，形成华北系黄瓜；二是由缅甸和中印边界传入中国云南地区，形成华南系黄瓜（李锡香等，2005）。黄瓜作为世界上重要蔬菜作物，也是我国国民主要食用蔬菜之一，占全国蔬菜种植面积的 10%（杨绪勤等，2014）。目前，全球黄瓜属植物有 70 余种，主要分布在热带和温带地区，其中包括黄瓜和甜瓜（*Cucumis melo* L.）等。黄瓜为二倍体植物，共有 14 条染色体。2009 年，黄瓜基因组测序的完成为进一步研究提高黄瓜抗逆性和挖掘优质基因奠定了基础（Huang et al.，2009）。

自 20 世纪 70 年代以来，黄瓜在我国的播种面积和产量持续位列全球首位，在各类蔬菜中的占比位居第 7 位，且增长趋势逐年递增（李加旺等，1999）。2017 年，我国黄瓜收获面积为 123.52 万 $hm^2$，产量为 6 482.46 万 t（张圣平等，2020）。黄瓜作为我国国民主要的食用蔬菜之一，具有很高的营养价值，富含多种营养元素。黄瓜也具有药理价值，对于瘦身、灼伤、预防冠心病和肿瘤以及提高肝功能免疫等都有一定功效（王义国等，2019）。此外，黄瓜还具有美容养颜、保湿、护肤、抗衰老和防晒等作用（董银卯等，2007）。

多元化的种质资源是培育具有优良性状植物品种的重要基础。有研究表明，植物在经历人为驯化的过程中其遗传多样性会受到显著影响，人为选育导致其具有不同表型，但是其遗传多样性由于受到了人为干扰而显著降低（Qi et al.，2013）。国内外学者在定向选育抗生物胁迫和非生物胁迫的黄瓜时，也是通过杂交或者转基因等方法来获得（Pandey et al.，2018；Wang et al.，2018）。

## 1.1　黄瓜群体构建研究现状

### 1.1.1　黄瓜种质资源研究现状

由于黄瓜在人为驯化过程中遗传多样性会受到影响，因此各国为了维持种质资源的多样性，降低育种年限和成本，均建立了相关的种质资源库。相关报道表明，在全球范围内，各国共建立了 1 700 余个种质资源库。随着分子生物学和遗传学研究的不断深入，以及生物信息学的不断发展，还会有更多的种质资源库建立（Tyagi et al.，2015）。在黄瓜优良性状选育方面的研究，国内外学者也更多地关注适应性、抗逆性较强的植株，多数研究成果也是通过表型以及抗逆相关的生理指标来获得的（黄历，2019）。

21 世纪初，美国、中国等国家共收集了黄瓜种质资源 6 400 余个（李锡香等，2005）。此外，我国学者于 2012 年对中国、荷兰和美国 3 个地理区域的 3 342 份材料进行了种质资源遗传多样性鉴定分析。结果表明，只有印度的黄瓜种质具有异质性，其余地区的黄瓜种质遗传多样性相对狭窄（Lv et al.，2012）。我国黄瓜的种质资源库从 20 世纪 70 年代开始建立，至今已逐步完善（梁芳芳等，2012）。目前，我国遗传多样性较高的黄瓜种质大多集中在云南西双版纳地区，而华南型黄瓜和华北型黄瓜的遗传多样性较低（黄历，2019）。

## 1.1.2 黄瓜育种研究进展

中国作为黄瓜生产大国，占全球黄瓜种植面积的 54% 左右（Feng et al.，2020）。我国黄瓜产量的快速增长，不仅对田间栽培和管理提出了更高的要求，而且急需高品质、高产、耐受生物/非生物胁迫的新品种。因此，我国黄瓜育种学家通过杂交育种、诱变育种、基因工程育种和分子标记辅助育种等方法在黄瓜新品种培育方面取得了一些成绩（Xu et al.，2017）。

### 1.1.2.1 杂交育种

杂交育种是利用基因重组的原理，将亲本的良好性状转移到杂交子代中，从而获得所需的相关性状。由杂交后代的遗传来源可以预测其性状表现，杂交育种成为黄瓜育种的主要方法之一。例如，20 世纪 90 年代，由抗病性强的高产自交系的亲本杂交所培育出的津春 4 号黄瓜品种，对霜霉病、白粉病和镰刀枯萎病都具有高抵抗力（吕淑珍等，1994）。龙园冀剑是以多代自交分离纯化得到的 C - 27 为父本，以华南型强雌性黄瓜 H - 13 为母本，所培育出的抗病性强、商品性好的华南型黄瓜（李岩等，2020）。我国育种学家针对北方早春和秋冬季节黄瓜种植条件，以优质、抗逆、高产为目标，选育出适宜早春和秋延后温室栽培的华北型黄瓜新品种津优 316，其父本为抗逆性强、商品性优良的抗逆自交系 Q812（孔维良等，2020）。

### 1.1.2.2 诱变育种

诱变育种是人为利用物理手段、化学手段或空间辐射改变遗传物质的结构，诱导基因突变，并从突变群体中筛选目的性状的方法。它可以直接利用种质资源，通过增加突变频率，可以在短时间内获得所需的突变体（赵子瑶，2018）。有研究表明，对华北型黄瓜品种 406 进行甲基磺酸乙酯（EMS）化学诱变，突变主要表现在叶色、叶形、花色、花形、果实颜色、果实形状方面（Shang et al.，2014）。通过对加倍单倍体华北型黄瓜种子进行氮离子注入培育出诱变系，$M_3$ 代可以稳定遗传果形和刺瘤（崔兴华等，2012）。

### 1.1.2.3　基因工程育种

由于黄瓜的遗传背景十分狭窄，采用杂交育种方法时间较长、成本过高。采用诱变育种方法耗费种质资源，且突变体的诱导率过低，基因突变的不确定性过高。以上两种方法严重限制了黄瓜生物学研究和育种发展。因此，自2009 年黄瓜测序完成后，黄瓜基因工程育种进一步发展（Huang et al.，2009）。基因工程育种是一种人为定向改变生物体基因组的方法，可以通过核移植、基因靶向、合成染色体转染或病毒插入方法来定向改变植物基因组。基因工程育种利用植物生物技术获得编码、克隆和转移受体细胞所需的基因片段，进入受体细胞进行稳定复制和表达，以获得具有目的性状的新品种。黄瓜的遗传转化系统和基因工程改良为黄瓜育种提供了丰富的种质资源和基因资源（崔兴华等，2012）。此外，广泛应用于植物基因的编辑方法 CRISPR/Cas9 也被用于黄瓜（Chandrasekaran et al.，2016）。例如，有学者利用黄瓜启动子和绿色荧光蛋白（GFP）标签优化了 CRISPR/Cas9 系统，促进了无转基因突变体的选择，通过优化的方法，完成了黄瓜第一个基因敲除株系的培育（Hu et al.，2017）。

### 1.1.2.4　分子标记辅助育种

随着植物分子技术的进一步发展，分子标记已成为速生植物育种的有效手段。分子标记技术可以直接通过 DNA 的形式来观察非等位基因标记之间的上位效应或其他形式的基因互作情况，且分子标记不受环境的影响（Juwattana-somran et al.，2011）。由于基因多态性几乎贯穿所有动植物的基因组，而分子标记凭借其稳定可靠、重复性优良等特点被广泛应用于遗传育种、基因定位、基因克隆、遗传图谱构建、遗传种质资源研究和辅助选择性育种等领域（闫华超等，2006）。分子标记有多种类型，每一种类型都有独特的优势和局限性。在现行的 PCR 技术中，包括以下 4 个 DNA 遗传标记：①随机引物标记：SRAP（sequence related amplified polymorphism）和 RAPD（random amplified polymorphism DNA）；②特异引物标记：SSR（simple sequence repeat）和 SCAR（sequence characterized amplified region）；③限制性内切酶和 PCR

技术 DNA 标记：AFLP（amplified fragment length polymorphism）和 CAPS（cleaved amplified polymorphism sequence）；④SNP（single nucleotide polymorphism）标记、KASP（kompetitive allele specific PCR）标记。在此重点针对 SSR、SNP、KASP 标记及应用进行表述。

（1）SSR 标记及应用。SSR 是以小片段核苷酸为基本单位的串联重复序列，普遍存在于真核生物体内（刘乃新，2020）。由于物种之间的简单重复片段序列的多态性和在基因组中的特定位置之间有很大的差异，因此 SSR 标记具有成本低和工作量大等特点（李冰敏，2019）。有研究者以 148 份梅花种质资源为材料，筛选出 23 对 SSR 分子标记（赵靓，2019）。有研究者以黄瓜果实弯曲和较直的品种为亲本，利用分子标记和数量性状定位（quantitative trait locus，QTL）鉴定 $F_2$ 群体的 SSR 标记，最终得到 1 个与黄瓜果实弯曲度相关的 QTL 位点（张鹏，2009）。还有研究者通过两个自交系的杂交，利用 SSR 精细定位发现一个控制黄瓜成熟果实颜色的最佳候选基因，该候选基因为 R2R3 - MYB 族的转录因子（Li et al.，2013）。

（2）SNP 标记及应用。SNP 是指一段 DNA 序列中由单个碱基变化引起的序列多态性。自 1996 年 SNP 的概念被提出后，SNP 标记就得到了广泛应用（李阳，2017）。由于 SNP 标记具有检测成本低、高基因组丰度、位点特异性、共显性遗传、高通量分析的潜力和相对较低的基因分型错误率，因此已成为植物分子育种和分子生物学研究的有力工具，其中包括种质鉴定（遗传多样性、群体关系和群体结构）、质量监测分析（遗传鉴定、遗传纯度和亲本验证）、连锁定位 QTL 定位、等位基因挖掘、标记辅助回交、标记辅助循环选择和基因组选择（Ohbayashi，2019；Rafalski，2002；Schlötterer，2004）。在玉米、水稻、黄瓜等已完成基因组测序的物种中，SNP 标记已基本取代了 SSR 标记。随着新一代测序技术在基因分型方面的发展，SNP 标记有望在未来取代其他类型的分子标记（Semagn et al.，2014）。

有研究者以黄棕色果皮黄瓜和绿色果皮黄瓜为亲本，构建四世代遗传群体并对黄瓜成熟果皮颜色进行了遗传分析和基因定位，得到了 2 个 SNP 标记位点，并在其中筛选到与果皮颜色相关的 3 个候选基因（Cheon et al.，2020）。田春育（2018）以黄瓜簇生突变体 430 为材料，对黄瓜簇生候选基因进行了初步定位，通过 MutMap 方法构建基因池，并从中筛选出 13 个 SNP 标记，为进一步研究黄瓜优良性状和筛选种质资源提供了参考依据。贾会霞等（2021）以231 份黄瓜为研究材料，通过重测序将检测到的 SNP 标记进行全基因组关联研究（GWAS）分析。结果表明，共有 12 个显著关联的信号分布在 1 号染色体、2 号染色体、6 号染色体上，在与黄瓜白粉病抗性相关联 SNP 标记的连锁不平衡（LD）区段内共检测到 63 个候选基因，其中 7 个候选基因的表达量在黄瓜接种白粉病后有显著变化。李阳（2017）以耐旱黄瓜品种 649 和不耐旱黄瓜品种 D0432 为亲本构建 $F_2$ 群体进行黄瓜抗旱性分子标记的筛选及鉴定，通过 SNP 标记和 InDel 标记的关联分析，得到 2 个抗旱相关候选基因。

（3）KASP 标记及应用。为了弥补 SNP 标记在育种实践中的不足，研究人员开发了几种高通量、灵活的 SNP 基因分型技术。其中，基于 PCR 荧光标记的 SNP 检测，如 TaqMan 和竞争性等位基因特异性 PCR（kompetitive allele-specific PCR，KASP），具有高灵敏度、高特异性，可以单独评估标记，并且使用范围广泛，可以通过实时 PCR 仪或荧光板获得结果。与 TaqMan 系统相比，KASP 方法在基因分型方面更具成本效益，可以作为 TaqMan 的替代品，降低成本和改善基因分型效率（Thomson et al.，2014）。KASP 是一种单步基因分型技术，使用预先鉴定 SNP 和 InDel 变异的共显性等位基因的方式进行基因分型（Semagn et al.，2014），该技术具有可扩展性，适用范围广，目前已被广泛应用。例如，有学者在水稻中鉴定了 740 566 个 SNP 标记，并开发了 771 个 KASP 标记（Cheon et al.，2020）。还有学者对 58 份鹰嘴豆（*Cicer arietinum* Linn.）种质资源和 12 份 $BC_3F_2$ 株系进行 70 个基因型的筛选，发现 1 341 个 KASP 标记具有多态性。

## 1.1.3　黄瓜重要群体选择

### 1.1.3.1　暂时性群体

这类群体构建时间短，易于配制。但一经自交或回交，其遗传组成就会发生变化，表型重复性差，具有不稳定性，无法永久使用。

$F_2$ 群体是由双亲杂交得到的 $F_1$ 代再进行自交获得的，群体构建难度小，是常用的遗传图谱作图群体。$F_2$ 代大多数是杂合植株，对于显性标记而言，无法识别显性纯合基因型和杂合基因型，这种基因型信息简并的现象会降低作图的精确度。田多成等（2014）利用不同甘蓝栽培种杂交得到的 $F_2$ 代作为作图群体，构建了一张高密度遗传图谱，对硫代葡萄糖苷总含量进行了 QTL 定位与分析，最终找到 3 个调控甘蓝硫代葡萄糖苷含量性状的 QTLs。Lu 等（2014）通过 Muromskij（早花品种）和 9930（晚花品种）杂交构建的 $F_2$、$BC_1$ 群体对黄瓜早花进行 QTL 定位，发现了与早花相关的 QTL *Ef1.1*，并在该区域鉴定出一个控制早花的候选基因 *Csa1G651710*。

$F_3$ 群体是由 $F_2$ 代个体自交一代产生的群体，可用于进行数量性状和隐性基因的定位。Wang 等（2016）利用黄瓜抗病材料和感病材料构建的 $F_3$ 群体对霜霉病的抗性进行研究，发现了 4 个与霜霉病抗性相关的 QTLs——$dm2.1$、$dm4.1$、$dm5.1$ 和 $dm6.1$。Winnie Gimode 等（2021）通过不同西瓜材料构建的 $F_3$ 群体进行西瓜枯萎病抗性相关的 QTL 鉴定，在这个群体中发现了 3 个与西瓜枯萎病抗性相关的 QTLs（$ClGSB3.1$、$ClGSB5.1$、$ClGSB7.1$）。Wen 等（2015）利用抗性黄瓜 D3 与感性黄瓜 D193 构建的 $F_3$ 群体作为试验材料，发现 $Csa6M375730$ 可能是黄瓜叶斑病抗性基因 $cca-3$ 的候选基因。

BC 群体是回交群体，常用于作图的群体是回交一代即 $BC_1$ 群体。与 $F_2$ 群体相比，$BC_1$ 群体只有两种基因型，可以直接反映 $F_1$ 代配子分离比，作图效率相对较高。Li 等（2022）为了探究调控油菜分枝自然变异的分子机制，利用两个分枝习性差异较大的油菜品种杂交构建 $BC_1F_1$ 群体进行 QTL 分析，发现了 8 个控制油菜分枝性状的候选基因。Siddharood Maragal 等（2022）通过两个果皮颜色与花纹存在显著差异的西瓜材料构建 $F_2$ 与 $BC_1F_2$ 群体，进行西瓜果皮性状的 QTL 定位，最终将 QTL 确定到 9 号染色体上，并在这些区间内鉴定出两个可能调控西瓜果皮颜色的候选基因 $Cla97C09G175170$ 和 $Cla97C09G175150$。

### 1.1.3.2 永久性群体

这类群体植株基因型纯合，群体稳定性强，可以永久使用。但构建年限长，配制过程复杂。

重组自交系（recombinant inbred line，RIL）是由 $F_2$ 代单粒传种，连续自交多代形成自交系内纯合、自交系间基因型各异的群体，可以稳定保存。利用重组自交系作试验材料，能够更好地发挥杂种优势，以获得具有多个优良性状且亲和力高的品系。Noshin Ilyas 等（2020）利用两个不同品种的小麦材料杂交建立 RIL 群体，绘制连锁图谱，以鉴定生理生化相关性状（如相对含水量、总叶绿素含量和钠含量等）的 QTLs，进而探索植物对盐胁迫的耐受性。Guo 等（2020）利用泰农 10 与林迈 739 杂交获得的 184 个 RIL 构建出包含 10 793 个位点的高密度遗传图谱，共检测到 13 个品质性状的 106 个 QTLs，分布在 21 条染色体上，为未来的分子标记辅助育种提供了宝贵信息。Liu 等（2021）利用耐热性存在明显差异的黄瓜材料构建 RIL 群体研究黄瓜耐热分子机制，鉴定出 1 个位于 1 号染色体上与耐热性相关的 QTL $qH1.1$，并在该区域内发现 9 个可能与耐热性相关的基因。通过序列分析表明，$Csa1G004990$ 可能为黄瓜耐热性候选基因。

近等基因系（near isogenic line，NIL）指基因组其他位点序列基本一致，只有目标性状基因位点上存在差异的材料,通过连续多代回交和筛选变异植株获得,一般连续回交六世代以上(张晋龙等,2017)。NIL 群体的构建可顺利地将供体片段中的优异性状导入受体材料中,促进对基因型和表型相互作用的理解,对基因定位和数量性状位点等方面研究具有重要作用(Arbelaez et al.,2015)。Ye 等(2020)利用芸薹油菜 NIL 群体对叶绿素合成进行研究,精确绘制了叶绿素合成位点,评估了该位点对芸薹油菜农艺性状的影响,并在该位点附近发现了 3 个可能与叶绿素合成相关的基因 *BnaA02g30260D*、*BnaA02g30290D* 和 *BnaA02g30310D*。王晓娟等(2021)利用不同叶色甜瓜材料 NIL 群体对叶色相关基因进行精细定位与功能研究。

双单倍体育种(double haploid,DH)是通过诱导而产生的单倍体植株,再进行单倍体加倍使植株恢复正常染色体数的育种方法。与传统育种方法相比,DH 育种大大缩短了育种进程,能够在两代内快速选育出 DH 纯系,是加速种质材料纯化的有效途径。Han 等(2022)通过 176 株 B73×Mo17 构建的 DH 群体,使用 6 618 个标记研究与低温条件下玉米种子发芽能力相关的 QTL,检测到 13 个 QTL 位点与低温发芽力相关。

黄瓜作为全球重要的蔬菜作物之一,囿于其遗传背景过于狭窄,严重影响了黄瓜品种的多样性。目前,黄瓜的育种策略主要应用于品种改良,即以提高生产力以及生物胁迫和非生物胁迫耐受性等为重要育种目标。传统的育种手段需要的时间周期较长且成本较高。因此,未来培育低投入且可持续发展的黄瓜新品种仍具有挑战性。随着分子育种技术的发展,分子标记辅助育种成为黄瓜品种选育的主要手段。在育种过程中,通过竞争性等位基因 PCR(kompetitive allele specific PCR,KASP)技术可提高新品种的选育效率,并大大缩短育种时间(王鹏等,2021)。本研究建立了黄瓜高通量 DNA 提取平台和 KASP 基因分型平台,依据这两个平台,以西双版纳型黄瓜 XSBN 和华北型黄瓜 9930 为亲本,构建了 RIL 群体与 NIL 群体,为进一步研究分子标记奠定了基础,并为黄瓜育种提供了宝贵的种质资源。

## 1.2　建立高通量基因分型平台

### 1.2.1　试验材料

本研究选择的亲本材料为华北型黄瓜 9930、欧洲型黄瓜 EU224、西双版纳型黄瓜 XSBN。这 3 种材料均由西班牙农业基因组研究中心刘斌博士提供。$F_1$ 分别是由亲本 EU224 与 9930、XSBN 与 9930 杂交所得。以 9930 为回交父

本进行 $BC_1$ 回交群体的构建，两个 $F_2$ 分离群体的构建则是 $F_1$ 自交后所得到 $F_2$ 代种子。欧洲型黄瓜 EU224，可简称为突变体 lh，下胚轴长度与华北型黄瓜 9930 以及西双版纳型黄瓜 XSBN 有较大差异（Liu et al.，2021）。

## 1.2.2 试验方法

### 1.2.2.1 组织培养

由于 EU224、XSBN 黄瓜的种子老化，内部活性降低，因此采用组织培养的方法进行催芽。

（1）提前将烧杯、5 mL 枪头、蒸馏水、滤纸、镊子在高压蒸汽灭菌锅中灭菌。

（2）MS 培养基制备见表 1.1。MS 培养基制备完成后，将 pH 调到 5.6～5.8。煮沸后，将培养基分装倒入组培瓶中，在高压蒸汽灭菌锅中 121 ℃灭菌 40 min。

（3）在超净工作台中，将 EU224、XSBN 黄瓜种子剥去种皮，先用 75%酒精消毒 30 s，再用灭菌水冲洗 2 次，然后用 3%次氯酸钠消毒 10～15 min，在用灭菌水冲洗 5～6 次后，用滤纸吸干残留的水分。

（4）将处理好的种子接种到 MS 培养基中。

（5）种子露白时，将种子上附着的培养基清洗干净后再播种到穴盘中。

**表 1.1　MS 培养基成分**

| 种类 | 成分 | 含量 (g/L) | 每升 MS 培养基中的体积（mL） | 每升 1/2MS 培养基中的体积（mL） |
|------|------|------|------|------|
| 大量元素 | $NH_3NO_3$ | 33 | 50 | 25 |
| | $KNO_3$ | 38 | 50 | 25 |
| | $MgSO_4 \cdot 7H_2O$ | 7.4 | 50 | 25 |
| | $KH_2PO_4$ | 3.4 | 50 | 25 |
| | $CaCl_2 \cdot 2H_2O$ | 8.8 | 50 | 25 |
| 微量元素 | KI | 0.166 | 5 | 5 |
| | $H_3BO_3$ | 1.24 | 5 | 5 |
| | $MnSO_4 \cdot 4H_2O$ | 4.46 | 5 | 5 |
| | $ZnSO_4 \cdot 7H_2O$ | 1.72 | 5 | 5 |
| | $Na_2MoO_4 \cdot 2H_2O$ | 0.05 | 5 | 5 |
| | $CuSO_4 \cdot 5H_2O$ | 0.005 | 5 | 5 |
| | $CoCl_2 \cdot 6H_2O$ | 0.005 | 5 | 5 |

（续）

| 种类 | 成分 | 含量<br>（g/L） | 每升 MS 培养基<br>中的体积（mL） | 每升 1/2MS 培养基<br>中的体积（mL） |
|------|------|------|------|------|
| 铁盐 | $FeSO_4 \cdot 7H_2O$ | 1.39 | 10 | 10 |
| | $Na_2 \cdot EDTA \cdot 2H_2O$ | 1.865 | 10 | 10 |
| 有机物 | $C_6H_5NO_2$ | 2 | 1 | 1 |
| | $C_8H_{12}ClNO_3$ | 0.1 | 1 | 1 |
| | $C_{12}H_{17}ClN_4OS \cdot HCl$ | 0.5 | 1 | 1 |
| | $C_2H_5NO_2$ | 0.5 | 1 | 1 |
| | 肌醇 | 20 | 5 | 5 |

#### 1.2.2.2 CTAB 法提取 DNA

（1）取样。取华北型黄瓜品种 9930、欧洲型黄瓜品种 EU224、$F_1$、$F_2$ 叶片组织。

（2）准备试验试剂。CTAB（CTAB 缓冲液配制方法见表 1.2）、NaCl、2-Mercaptoethanol（巯基乙醇）、EDTA、Tris-HCl、无水乙醇、蒸馏水、70%乙醇、异丙醇、$ddH_2O$、氯仿、异戊醇、琼脂糖、1% TAE 缓冲液、Loading buffer、Maker DL 2 000。

**表 1.2 2 倍 CTAB 缓冲液**

| 药品 | 成分 |
|------|------|
| CTAB | 20 g |
| NaCl | 81.8 g |
| 2-Mercaptoethanol | 8 mL |
| EDTA | 7.4 g |
| Tris | 12.114 g |

（3）DNA 提取方法。

① 取样前，在 96 孔试管盒中装入 12 排八连管并标记对应的编号，八连管规格为每个试管 1.1 mL 的容量。再将每个试管中放入 1 个提前用无水乙醇清洗过 3～5 次的小钢珠（直径为 2.5 mm）。

② 待幼苗两叶一心时，即可进行取样。取幼叶 2～3 cm（干重约为 50 mg），按照八连管提前标记的对应顺序放入管中。然后，将样品放在−80 ℃超低温冰箱中 24 h 左右保存备用。

③ 组织研磨前，在水浴锅中，对 CTAB 缓冲液进行 65 ℃水浴预热。

④ 样品取出后，每管先利用 300 μL 排枪加入 100 μL CTAB 缓冲液并盖紧管盖。用组织破碎仪进行研磨，一般 30 次/s，研磨 5 min 左右（为防止粉碎过程中液体溢出，建议每隔 2 min 检查一次管盖）。粉碎后，在孔板离心机中离心，再加入 240 μL CTAB 缓冲液。

⑤ 盖紧管盖后，将样品置于水浴锅中，65 ℃条件下水浴 30～45 min，其间进行 2～3 次上下颠倒混匀。

⑥ 待样品冷却至室温后，利用 300 μL 排枪加入 340 μL 的氯仿：异戊醇 24：1，轻柔倒置混合，以防止 DNA 片段断裂。

⑦ 离心机 3 000 r/m 离心 10 min。

⑧ 用排枪自上而下缓慢吸取 200 μL 上清液于 96 孔板中，注意避免吸取到杂质。室温下加入 $-20$ ℃预冷的等体积异丙醇 200 μL，多次轻柔倒置混合后，放入 $-20$ ℃冰柜冷冻 20 min 以上，直至有 DNA 沉淀析出。

⑨ 将混合液置于离心机中 3 000 r/m 离心 30 min。

⑩ 将盖子小心打开，迅速倾倒管中的液体，在干燥的吸水纸上吸去管口多余液体。

⑪ 在试管中加入 200 μL 70%乙醇，盖上盖子，轻柔颠倒洗涤。

⑫ 将装有乙醇洗涤液的离心管在 3 000 r/min 条件下离心 10 min。

⑬ 迅速弃掉上清液后进行干燥，去除多余液体（可以在室温下干燥或用真空干燥）。

⑭ 在不同标号离心管中加入 200 μL ddH₂O，以溶解 DNA。

⑮ 将样品放入 $-4$ ℃冰箱中过夜，在 $-20$℃的冰箱中保存备用。

### 1.2.2.3 碱裂解法提取 DNA

采用碱裂解法提取黄瓜 BC 群体叶片 DNA，用于 KASP 基因分型。

（1）播种。

① 将两个 72 孔穴盘裁切、拼接成 96 孔穴盘，拼接处用胶带进行粘贴加固。

② 将组培专用的防水胶带贴于托盘边缘，对应 96 孔穴盘中的每一小格对托盘进行编号，横坐标为 1～12，纵坐标为 A～H，即获得一个与 96 孔 PCR 板相对应的穴盘。

（2）取样。采用普通 0.2 mL 96 孔 PCR 板进行取样，样品大小在 5 mm² 左右，用镊子将样品戳入管底，用配套硅胶盖将 96 孔板盖住。若用封板膜封口，会出现样品粘在膜上的现象，在揭开封板膜时要小心。若短期内提取

DNA，则样品在 4 ℃条件下保存；若暂时不提取 DNA，则样品在－80 ℃条件下保存。

（3）提取 DNA。

①加 A 液。采用 96 孔移液工作站向取好的样品内加入 A 液 50 μL，在 96 孔板离心机中短暂离心。

②热浴裂解。设置 PCR 程序为 99 ℃ 2 min，将 96 孔 PCR 板放入 PCR 仪中。若想裂解得更彻底，可将时间延长至 5 min。热浴结束后，在 96 孔板离心机中短暂离心。

③加 B 液。采用 96 孔移液工作站向热浴后的 96 孔 PCR 板中加入 B 液 50 μL，短暂离心，使 A 液与 B 液充分混匀，得到 DNA 母液。

（4）稀释 DNA 母液。将 DNA 母液稀释 20 倍，用于后续 KASP 基因分型试验。取一个新的 0.2 mL 96 孔 PCR 板，采用 96 孔移液工作站吸取 6 μL DNA 母液，再吸取 114 μL ddH$_2$O，盖好硅胶盖后短暂离心，得到稀释 20 倍后的 DNA。

**1.2.2.4　DNA 质量鉴定**

待 DNA 沉淀充分溶解后，每板随机挑取 10～15 个样品在 Nanodrop 超微量核酸仪中检测提取的 DNA 浓度。随后吸取 3 μL DNA 与 3 μL Loading buffer，混合后进行 1% 的凝胶电泳检测并在凝胶成像仪中观察结果。

核酸的最大吸收波长为 260 nm。蛋白质的最大吸收波长是 280 nm。在波长 260 nm 和 280 nm 处测定的 OD 值的比值记为 OD$_{260/280}$，是用于评价 DNA 样品纯度的标准之一。纯 DNA 的 OD$_{260/280}$ 为 1.8；纯 RNA 的 OD$_{260/280}$ 为 2.0。如果 DNA 样品的 OD$_{260/280}$ 高于 2.0，说明该 DNA 样品中存在 RNA 残留；如果比值低于 1.8，则表明该 DNA 样品存在蛋白质等污染。

另外，OD$_{260/230}$ 也是用于评价 DNA 样品的标准，OD$_{230}$ 可以反映样品中是否存在苯酚等污染物。较纯净的 DNA 样品，OD$_{260/230}$ 大于 2.0。一般在 Nanodrop 超微量核酸仪中检测 DNA 浓度时，OD$_{200}$～OD$_{320}$ 的数值会形成一条光滑曲线。如果不是曲线，那么需要重新提取 DNA。为了保证提取的 DNA 质量，要注意以下两点。

（1）防止 DNA 断链。在裂解过程中，注意手法要轻柔以避免 DNA 断链导致提取浓度偏低。

（2）减少蛋白质等其他残留物。减少样品量，确保样本组织被充分裂解。加入氯仿后要使样本与氯仿充分混匀，对于离心分层的这一步时间、转速要足够。吸取上清液时，注意不要吸入中间层和有机相。如果所得 RNA 的

OD$_{260/280}$偏低，可以用氯仿与异戊醇混合液再抽提 1 次，再次沉淀、溶解、测浓度。

### 1.2.2.5　基于 QuantStudioTM3 实时定量 PCR 仪的 KASP 平台建立

（1）验证材料。为了基因分型结果的准确性，需要对双亲进行一代测序来确定。首先，采用 CTAB 法对黄瓜 9930 和 F$_1$ 进行 DNA 的提取。然后，将提取的 DNA 在 Nanodrop 超微量核酸仪中检测浓度，待浓度、OD$_{260/280}$、OD$_{260/230}$ 均在正常范围时，即可进行 PCR 扩增。PCR 反应体系见表 1.3，PCR 反应程序见表 1.4。将扩增后的 PCR 产物进行 1‰凝胶电泳检测，将检测结果正确的 PCR 产物送至检测公司进行测序。采用 BioEdit 软件将返回的测序结果中 AB1 格式文件打开，看是否出现套峰（若没有出现套峰，则为纯合植株；若出现套峰，则为杂合植株）。PCR 引物序列如下：

F：GTACTGAAATGAGAATCCA；

R：TCCATATTCAGTTGAAGCC。

表 1.3　PCR 反应体系

| 体系 | 反应体积（μL） |
| --- | --- |
| 2×Master Mix | 10 |
| Primer F | 1 |
| Primer R | 1 |
| DNA | 1 |
| dd H$_2$O | 7 |

表 1.4　PCR 反应程序

| 反应温度（℃） | 反应时间（min） |
| --- | --- |
| 94 | 5 |
| 94 | 0.5 |
| 55 | 0.5 |
| 72 | 1 |
| 72 | 5 |

（2）高通量 KASP 基因分型平台建立方法。

① 在进行基因分型前，需要提前根据 SNP 位点进行引物设计，最终可以获得两个等位基因特异性引物（A1、A2）和一个通用引物（C1），引物由相应的引物合成公司合成。由于这些引物没有荧光团，因此不需要避光保存和使用。引物序列如下：

A1：GAAGGTGACCAAGTTCATGCTAAACACCAACAAATACGAA-ACCAAGCA。

A2：GAAGGTCGGAGTCAACGGATTACACCAACAAATACGAAACCAA-GCC。

C1：GCAATGTGGGTCGGTTTTTTTTTCTTCTT。

混合引物按照 1∶1∶3 的比例提前进行混合。

②由于 KASP 试剂含有荧光团，因此必须保证在避光条件下保存和使用。

③在高通量提取 DNA 后，样品一般可以直接使用，浓度一般在 25～250 ng/μL。浓度特别高的样品会造成分型不集中，可按照 1∶5/1∶10 的比例稀释后使用。每一个 96 孔板需要在不同样本中添加对照，通常为纯合子中的两个等位基因、杂合子以及阴性对照（用与 DNA 模板等量的 ddH$_2$O 代替）。

④ 使用 KASP - PARMS。试剂盒配制 PCR 反应体系如表 1.5 所示。

**表 1.5　试剂盒配制 PCR 反应体系**

| 体系 | 体积（μL） |
| --- | --- |
| DNA 模板 | 2 |
| FLu - Arms 2×PCR Mix | 5 |
| F$_1$ | 0.1 |
| F$_2$ | 0.1 |
| R | 0.3 |
| ddH$_2$O | 2.5 |

⑤ PCR 反应液要注意避光并在冰上制备。首先，将 8 μL 的混合物分别加入 96 孔板中的对应位置。然后，将 2 μL DNA 模板加入对应的孔中。盖好 96 孔板硅胶盖后，用小型离心机进行离心。离心后，裹上锡箔纸于 4 ℃冰箱中保存备用（4～5 h），在这个时间段就可以进行程序的设定。

⑥ 双击桌面图标，开启 QuantStudio Design&Analysis Software 后进入主界面，点击 "Create New Experiment" 保存后，下次可直接打开使用。

⑦ 在 "Properties" 界面进行试验属性的设置。

　　a. 输入试验的名称。

　　b. 选择仪器对应的型号。

　　c. 选择仪器加热模块类型。

　　d. 选择试验类型为"Genotyping"。

　　e. 选择试验试剂类型为"TaqMan Reagents"。

　　f. Run mode（运行模式）选择为"Standard"。

　　⑧ 使用的 KASP 反应程序严格按照 Touchdown PCR 方法，进入"Method"界面后设置的运行程序如下：95 ℃ 10 min；95 ℃ 15 s，61 ℃ 1 min（10 个循环，每个循环下降 0.6 ℃）；95 ℃ 15 s，55 ℃ 1 min（28～35 个循环）；30 ℃ 30 s。

　　⑨ 进入下一个"Plate"界面，点击"Advanced Setup"，编辑 SNP 信息、样本名称以及样品板信息。

　　⑩ 编辑 SNP Assay 信息：选中需要编辑的 SNP，在"SNPs"内单击"Action"，选择"Edit"即可进入编辑界面。在"Task"选项中，可设置对应的反应孔类型：U 表示未知样本，N 表示阴性对照（注意：因为有荧光染料 ROX 进行本底校正的原因，KASP 试验中空管不能选入分析范围内，否则会导致其余样本孔在空管衬托下显示为扩增失败）。

　　⑪ 点击"Next"进入下一个界面，再点击"Run"并保存文件，然后点击"Start Run"开始运行。

　　⑫ 运行结束后进入"Results"界面，在"Amplification Plot"中选择"Allelic Discrimination Plot"查看基因分型图：聚合在 X 轴附近显示红色的为母本 EU224 的等位基因型，聚合在 Y 轴附近显示蓝色的为父本 9930 的等位基因型，中间显示绿色的为具有两种等位基因的杂合型，左下角显示黑色的样本为阴性对照（如果想去掉某些反应孔看结果，可单击右键 Omit→Analyze 进行重新分析）。若分型结果出现"×"，说明仪器判断不出基因型。当出现这种情况时，可以手动分类，将反应孔对应的分型结果圈住后归纳为想要的颜色。

　　⑬ 数据导出。在"Export"界面下，保存所需要的数据并导出 Excel 表格。

　　⑭ 根据保存的 Excel 表格作散点图，进而帮助分析整理数据。

　　注意事项：加样前，应尽量事先准备好试验过程中需要用到或需要做的事情（如事先计算并分装好引物、事先解冻或者稀释好 DNA 模板等），尽量缩短在常温条件下应用 KASP 试剂的时间。如果扩增 28 个循环后，发现分型非常明显，且 NTC（用于溶解 DNA 模板的溶液）信号过高，与其他分型掺杂，那么下次扩增循环数需调整为 23～25 个循环数。如果扩增 28 个循环后，发现所有信号区分不开，则需要将 PCR 产物在原有扩增循环数的基础上逐渐增加循环数后再扫描荧光。

（3）KASP 反应程序优化。KASP 反应在 Applied Biosystems QuantStudio 3 定量仪中进行，采用终点法进行荧光信号扫描，以 ROX 荧光作为内参荧光。

将 KASP 反应程序第三步的扩增循环数分别设置为 28、32、36、40，以检测 KASP 循环数对基因分型结果的影响。

### 1.2.2.6 基于基因分型检测系统的 KASP 平台建立

（1）预热机器。在试验开始前，打开基因分型检测系统水浴机器的总开关，进行预热。先检查 3 个水箱（进水箱、储水箱、废水箱）是否加满，若未加满，需在操作中点击"补满"。然后，选择程序"Kasp 固德 1 - 10"，点击"开始"进行机器预热。

（2）准备 DNA 溶液。每板 DNA 溶液中需包含阳性对照与阴性对照，其中阳性对照双亲与 $F_1$，以及阴性对照 $ddH_2O$ 至少各 2 个。每管 DNA 液体不得低于 $60 \mu L$，若低于 $60 \mu L$，机器进样吸头可能出现无法吸取 DNA 溶液的情况。

（3）准备引物和 Mix。基因分型检测设备引物与酶的配制体系见表 1.6。

表 1.6 PCR 反应体系

| 体系 | 1× （μL） | 220× （μL） |
| --- | --- | --- |
| 2×KASP Mix | 1.986 | 216.92 |
| 100 μmol/L A1 | 0.003 | 0.66 |
| 100 μmol/L A2 | 0.003 | 0.66 |
| 100 μmol/L C1 | 0.008 | 1.76 |
| $ddH_2O$ | — | |
| DNA | 1 | 1 |
| 总计 | 2 | 220 |

① 干粉引物在开盖前离心 1 min，设置转速为 3 000 r/min。

② 向引物中加入 $ddH_2O$ 至 100 μmol/L，吸打混匀，涡旋振荡，短暂离心。

③ 提前计算好需要的酶数量，在准备 DNA 时，先将 Mix 放在冷冻过的低温工作板上进行融化，再将 Mix 涡旋振荡，短暂离心。

④ 按 220 μL 体系将酶与引物加入 0.2 mL PCR 管中，吸打混匀，短暂离心，并立即放于低温工作板上。

（4）反应板制备。

① 打开加样机器总开关，同时打开气阀开关（将气阀的红色按钮往上拨，

同时红色开关倾斜即为打开）。

②检查水箱，左侧进水箱需用KASP专用ddH₂O补至桶身4/5处，右侧废水箱中的水需全部倒掉。

③准备就绪，点击屏幕上的"启动"，待机器自动清洗完后，检查DJ4吸头上是否有挂珠。若仍有挂珠，则点击操作中的"清洗"选项进行手动清洗（DJ4为Mix吸头，DP为DNA溶液吸头）。

④点击开始，选择模式，例如"吸1喷4"，即1板96孔DNA溶液对应4个不同引物与酶的混合物（根据实际情况进行模式选择），在相应位置输入DNA及混合物编号后，进行自动加样。加好样的384孔PCR反应板立即放入4℃冰箱保存。

（5）PCR扩增。

①取出水浴篮，将384孔PCR反应板有条码的一侧置于上方，逐板嵌入水浴篮中，挂回水浴篮。

②点击"程序"，选择"Kasp固德1-10"（表1.7），点击"启动"。

**表1.7　PCR反应程序"Kasp固德1-10"**

| 反应程序 | 反应温度（℃） | 反应时间 | 梯度（℃） | 过冲（℃） | 次数 |
|---|---|---|---|---|---|
| Step 1 | 95 | 10 min | — | 0.2 | 1 |
| Step 2 | 95 | 20 s | — | 0.2 | 10 |
| | 61 | 40 s | −0.6 | −0.3 | |
| Step 3 | 95 | 20 s | — | 0.2 | 34 |
| | 55 | 40 s | | −0.3 | |

③水浴结束后及时取出。

注意：若反应板数量大于10，则选择程序"Kasp固德20"（表1.8）。扫描结果后，若分型结果不够聚集，可选择程序"Kasp+10"（表1.9）进行加循环试验，让分型结果更显著。

**表1.8　PCR反应程序"Kasp固德20"**

| 反应程序 | 反应温度（℃） | 反应时间 | 梯度（℃） | 过冲（℃） | 次数 |
|---|---|---|---|---|---|
| Step 1 | 95 | 10 min | — | 0.5 | 1 |
| Step 2 | 95 | 15 s | — | 0.5 | 10 |
| | 61 | 1 min | −0.6 | −0.6 | |
| Step 3 | 95 | 15 s | — | 0.5 | 35 |
| | 55 | 1 min | | −0.6 | |

表 1.9　PCR 反应程序"Kasp＋10"

| 反应程序 | 反应温度（℃） | 反应时间（s） | 梯度（℃） | 过冲（℃） | 次数 |
|---|---|---|---|---|---|
| Step 1 | 95 | 20 | — | 0.2 | 10 |
| | 55 | 40 | — | −0.3 | |

（6）数据读取。扫描前，甩干反应板上的水珠。点击"扫描"-"自动扫描"，将反应板卡在扫描仪卡槽内，用扫描手柄扫描反应板上的条形码，点击"确认扫描"。扫描完成后，点击"返回"，重复以上操作进行下一板扫描。

（7）数据分析。

① 点击"实验管理"，设置样品板和反应板。其中，NTC 为阴性对照，PC 为阳性对照，unknown 为样品基因型。设置完成后，点击"保存"。

② 点击"实验同步"，扫描仪中的数据即同步到对应的试验结果中。

③ 点击"数据分析"，勾选要分析的反应板编号，进行结果分析。

## 1.2.3　结果与分析

### 1.2.3.1　高通量 CTAB 法提取 DNA 质量检测

采用 96 孔板高通量提取 DNA 的方法，提取亲本及 $F_2$ 所有子代 DNA。对所提取的 DNA 样品随机抽取 10～15 个于 Nanodrop 超微量核酸仪中进行 DNA 质量检测，结果如表 1.10 所示，几乎所有样品的 $OD_{260/280}$ 都大于 2.0，说明存在 RNA 污染。其原因是在样品稀释过程中没有加入 RNA 酶所导致。KASP 分型前，在加样过程中有些许 RNA 污染不会对分型结果造成影响，为了节省试剂的使用，故未加 RNA 酶。

表 1.10　高通量提取 DNA 质量结果

| 编号 | 质量浓度（ng/μL） | $OD_{260/280}$ | $OD_{260/230}$ | 编号 | 质量浓度（ng/μL） | $OD_{260/280}$ | $OD_{260/230}$ |
|---|---|---|---|---|---|---|---|
| 1 | 530.1 | 2.07 | 2.11 | 6 | 600.2 | 2.10 | 2.19 |
| 2 | 322.7 | 2.06 | 1.90 | 7 | 600.3 | 2.10 | 2.18 |
| 3 | 445.2 | 2.11 | 2.16 | 8 | 459.4 | 2.08 | 2.16 |
| 4 | 514.6 | 2.11 | 2.21 | 9 | 639.4 | 2.05 | 2.03 |
| 5 | 481.6 | 2.12 | 2.20 | 10 | 537.4 | 2.13 | 1.97 |

注：$OD_{260/280}$ 参考值为 1.8～2.00，$OD_{260/230}$ 参考值为不小于 1.8。

为了进一步验证所提取 DNA 的质量，随机抽取 10 个 $F_2$ 植株的 DNA 进行 1% 的凝胶电泳检测，结果如图 1.1 所示。由于 $F_2$ 所有样品均有明亮条带，因此可以证明高通量提取的 DNA 质量合格，可用于下一步的 KASP 基因分型试验。

### 1.2.3.2 高通量碱裂解法提取 DNA 质量检测

通过碱裂解法对黄瓜叶片 DNA 进行了高通量提取。采用对角线法则在 96 孔板中挑选了 5 个提取出的

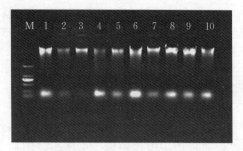

图 1.1  DNA 质量凝胶检测

注：M 表示 Marker，1～10 表示 10 个 $F_2$ 植株的 DNA。

DNA 样品，在 Nanodrop 超微量核酸仪中进行 DNA 浓度测定。由表 1.11 可知，母液浓度范围为 1 675.7～2 848.8 ng/μL；稀释 10 倍后，DNA 浓度范围为 182.1～363.5 ng/μL；稀释 20 倍后，DNA 浓度范围为 67.1～145.3 ng/μL。其中，稀释 20 倍后的 DNA 浓度 KASP 基因分型效果最理想。

**表 1.11  碱裂解法提取 DNA 质量结果**

| 编号 | DNA 母液（ng/μL） | 稀释 10 倍（ng/μL） | 稀释 20 倍（ng/μL） |
|---|---|---|---|
| 1 | 2 029.4 | 198.9 | 67.1 |
| 2 | 1 675.7 | 202.6 | 111.8 |
| 3 | 1 805.1 | 224.4 | 124.0 |
| 4 | 2 848.8 | 363.5 | 145.3 |
| 5 | 2 213.5 | 182.1 | 73.3 |

为了进一步验证 DNA 样品质量，对碱裂解法提取的黄瓜叶片 DNA 样品进行了琼脂糖凝胶检测。结果如图 1.2 所示，不同稀释倍数的 DNA 模板条带清晰度存在差异。其中，DNA 母液均有清晰条带，说明 DNA 质量合格；稀释 10 倍的

图 1.2  DNA 质量凝胶检测

DNA 模板条带清晰度次之；稀释 20 倍的 DNA 条带较模糊，推测可能是浓度过低所致，但不影响 KASP 试验结果。因此，后续 KASP 基因分型试验所用 DNA 样品是稀释 20 倍后的。

### 1.2.3.3 验证材料

取 $F_1$ 和黄瓜品种 9930 同一位
置的幼嫩叶片，采用 CTAB 法提取
DNA 后，先在 Nanodrop 超微量核
酸仪中检测 DNA 浓度，由表 1.12
可以看出，提取的 DNA 浓度、吸
光度均在正常范围之内，然后进行
1‰凝胶电泳检测，结果如图 1.3 所
示。1 号点样孔中的黄瓜品种 9930
和 3 号点样孔、4 号点样孔中的 $F_1$
条带清晰，证明 DNA 质量合格。
将 1 号点样孔、3 号点样孔、4 号点
样孔这 3 个有目的条带的样品 PCR
产物送检测公司进行测序。

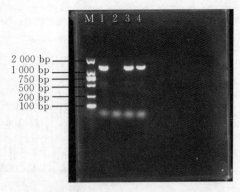

图 1.3 黄瓜品种 9930、$F_1$ 的 PCR 检测

注：M 表示 Marker，1、2 表示黄瓜品种 9930，
3、4 表示 $F_1$。

**表 1.12 提取 DNA 质量结果**

| 编号 | 质量浓度（ng/μL） | $OD_{260/280}$ | $OD_{260/230}$ |
| --- | --- | --- | --- |
| 1 | 454.5 | 2.03 | 1.98 |
| 2 | 449.9 | 2.16 | 1.93 |
| 3 | 407.2 | 2.05 | 2.06 |
| 4 | 437.5 | 2.03 | 2.06 |

由图 1.4 可以看出，$F_1$ - 1F 出现套峰。$F_1$ 是由黄瓜品种 EU224 与 9930
杂交所得，为杂合植株，有一条链存在碱基缺失，可能是由于 $F_1$ 子代在染色
体重组过程中发生了碱基的缺失，因此出现套峰。而黄瓜品种 9930 为纯合植
株，没有出现套峰的情况。因此，$F_1$ 与黄瓜品种 9930 可确保准确性，能用于
后续基因分型等工作。

### 1.2.3.4 KASP 程序优化

在确定最适 KASP 反应条件之前，先以亲本作为对照，并设定初始循环数为
27 个，结果如图 1.5A 所示，KASP 分型结果较为理想但是不够集中，因此需要增
添循环数。KASP 反应液在 PCR 仪中扩增后，反应液可在室温避光条件下稳定保
存 1 周左右，在该时间段内仍可对 KASP 反应液增加循环数进行扩增。为得到针对
该位点的最佳循环体系，本试验以 28 个循环数为基础，设置 4 个梯度，每个梯
度分别递增 4 个循环数，循环数分别设置为 28 个、32 个、36 个、40 个，以确

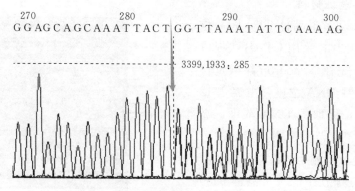

图 1.4　$F_1$ - 1F 测序结果

定其最适循环数。KASP 分型结果如图 1.5B～E 所示，随着循环数的递增，KASP 分型结果逐渐变得分散，反应孔中识别不清基因型的情况逐渐增多，NTC（用于溶解模板的溶液）也出现信号过高并且与其他基因型掺杂的现象。综上所述，对于该位点来说，最适扩增循环数应设置为 28 个。

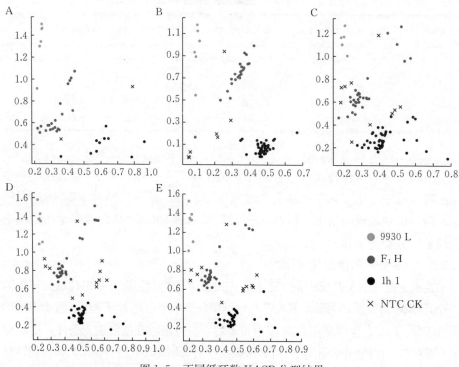

图 1.5　不同循环数 KASP 分型结果

注：A 为 27 个循环；B 为 28 个循环；C 为 32 个循环；D 为 36 个循环；E 为 40 个循环。

### 1.2.3.5　KASP 鉴定结果

利用 Liu 等（2021）的标记对92 份黄瓜材料进行基因分型。结果如图 1.6、表 1.13 所示，可将 88 份材料划分为 3 组。其中，6 份材料的信号点为蓝色，基因型为 9930；28 份材料的信号点为绿色，属于杂合型 $F_1$；51 份材料的信号点为红色，基因型为 EU224；3 份材料为阴性对照，NTC 不显示信号。KASP 分型结果能够鉴别出亲本基因型和杂合基因型。在进行 KASP 基因分型读取时，可按照图 1.6 所对应每个反应孔所显示的颜色来鉴定基因型，蓝色基因型为 L，绿色为杂合型 H，红色基因型为 l，这样基因型读取更

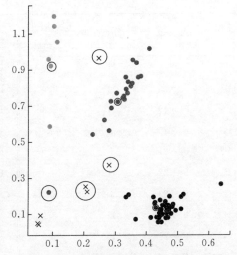

图 1.6　$F_2$ 群体 KASP 分型结果

注：◎为黄瓜品种 9930（L），反应孔颜色为蓝色；●为 $F_1$（H），反应孔颜色为绿色；●为黄瓜品种 EU224（l），反应孔颜色为红色。

方便高效。图 1.6 中红色圈住的对应植株后续不会再继续使用。除了接近于"0"的 3 个 NTC 为"×"号外，有 4 个反应孔表现为"×"，表明仪器不能对这 4 个进行分型，而编号 B10 分型结果虽然为 H，但是由于所处位置不够明确，容易使研究者产生混淆，故在后续的研究过程中应舍弃这 5 株材料。黑色圈住的为 3 个亲本对应的位置，当出现基因型不一致的情况时，则需要留下正确基因型的亲本 DNA 进行后续的试验，不正确的应舍弃。

### 表 1.13　基因型鉴定结果

| 编号 | 材料名称 | 基因型 | 下胚轴长度（cm） | 编号 | 材料名称 | 基因型 | 下胚轴长度（cm） |
|---|---|---|---|---|---|---|---|
| A1 | $F_2$ - 1 | l | 10.5 | A2 | $F_2$ - 9 | H | 6.2 |
| B1 | $F_2$ - 2 | l | 11.8 | B2 | $F_2$ - 10 | l | 10.1 |
| C1 | $F_2$ - 3 | l | 10.8 | C2 | $F_2$ - 11 | l | 11.7 |
| D1 | $F_2$ - 4 | H | 7.7 | D2 | $F_2$ - 12 | H | 6.0 |
| E1 | $F_2$ - 5 | H | 5.9 | E2 | $F_2$ - 13 | l | 14.5 |
| F1 | $F_2$ - 6 | l | 13.4 | F2 | $F_2$ - 14 | l | 10.1 |
| G1 | $F_2$ - 7 | l | 14.2 | G2 | $F_2$ - 15 | l | 11.1 |
| H1 | $F_2$ - 8 | H | 7.0 | H2 | $F_2$ - 16 | H | 6.8 |

（续）

| 编号 | 材料名称 | 基因型 | 下胚轴长度（cm） | 编号 | 材料名称 | 基因型 | 下胚轴长度（cm） |
|---|---|---|---|---|---|---|---|
| A3 | $F_2-17$ | H | 7.3 | C7 | $F_2-68$ | l | 12.5 |
| B3 | $F_2-18$ | H | 7.9 | D7 | $F_2-69$ | L | 2.3 |
| C3 | $F_2-19$ | H | 7.6 | E7 | $F_2-71$ | l | 12.1 |
| D3 | $F_2-20$ | l | 11.9 | F7 | $F_2-72$ | l | 11.0 |
| E3 | $F_2-21$ | l | 12.8 | G7 | $F_2-73$ | l | 10.7 |
| F3 | $F_2-22$ | H | 6.3 | H7 | $F_2-74$ | l | 11.3 |
| G3 | $F_2-23$ | l | 10.4 | A8 | $F_2-75$ | l | 13.3 |
| H3 | $F_2-28$ | H | 8.9 | B8 | $F_2-76$ | l | 10.9 |
| A4 | $F_2-29$ | H | 7.9 | C8 | $F_2-77$ | l | 10.3 |
| B4 | $F_2-32$ | l | 11.9 | D8 | $F_2-78$ | l | 12.1 |
| C4 | $F_2-34$ | l | 12.8 | E8 | $F_2-79$ | L | 2.8 |
| E4 | $F_2-36$ | H | 7.3 | F8 | $F_2-80$ | l | 10.6 |
| F4 | $F_2-37$ | l | 10.7 | G8 | $F_2-83$ | l | 10.8 |
| G4 | $F_2-38$ | H | 8.7 | H8 | $F_2-84$ | l | 11.8 |
| H4 | $F_2-39$ | H | 7.9 | A9 | $F_2-85$ | L | 3.1 |
| A5 | $F_2-40$ | l | 10.2 | B9 | $F_2-86$ | H | 4.4 |
| B5 | $F_2-41$ | H | 6.0 | C9 | $F_2-87$ | l | 10.9 |
| C5 | $F_2-42$ | l | 12.5 | D9 | $F_2-88$ | l | 11.5 |
| D5 | $F_2-48$ | l | 12.9 | E9 | $F_2-90$ | l | 12.5 |
| F5 | $F_2-45$ | l | 10.6 | F9 | $F_2-91$ | l | 10.2 |
| G5 | $F_2-46$ | l | 11.1 | G9 | $F_2-92$ | l | 11.8 |
| H5 | $F_2-47$ | L | 5.1 | H9 | $F_2-93$ | H | 2.9 |
| A6 | $F_2-49$ | l | 13.0 | A10 | $F_2-96$ | L | 5.4 |
| B6 | $F_2-50$ | l | 11.7 | B10 | $F_2-98$ | H | 8.2 |
| C6 | $F_2-51$ | H | 2.6 | D10 | $F_2-132$ | l | 12.4 |
| E6 | $F_2-53$ | H | 3.3 | E10 | $F_2-101$ | H | 6.9 |
| F6 | $F_2-54$ | l | 11.3 | F10 | $F_2-102$ | l | 15.7 |
| G6 | $F_2-55$ | H | 2.5 | G10 | $F_2-108$ | l | 12.1 |
| H6 | $F_2-56$ | H | 2.1 | H10 | $F_2-109$ | l | 11.3 |
| A7 | $F_2-66$ | A:G | 4.0 | A11 | EU224-1 | l | 19.2 |
| B7 | $F_2-67$ | l | 10.7 | B11 | EU224-2 | l | 16 |

（续）

| 编号 | 材料名称 | 基因型 | 下胚轴长度（cm） | 编号 | 材料名称 | 基因型 | 下胚轴长度（cm） |
|---|---|---|---|---|---|---|---|
| C11 | EU224 - 3 | l | 16 | H11 | 9930 - 2 | H | 6.4 |
| D11 | F$_1$ - 1 | H | 7.5 | A12 | 9930 - 3 | H | 7.4 |
| E11 | F$_1$ - 2 | l | 7.8 | B12 | ddH$_2$O | NTC | CK |
| F11 | F$_1$ - 3 | l | 6.5 | C12 | ddH$_2$O | NTC | CK |
| G11 | 9930 - 1 | L | 6.1 | D12 | ddH$_2$O | NTC | CK |

根据图 1.6、表 1.13，挑选 F$_2$ 群体中最趋于亲本下胚轴长度的 9930、EU224、F$_1$ 基因型各 5 株。由图 1.7 可以看出，9930 基因型植株下胚轴长度偏短，都小于 10 cm；F$_1$ 基因型植株下胚轴长度为 5～10 cm；EU224 基因型植株下胚轴长度都大于 10 cm。以上结果与 Liu 等（2021）中关于各基因型下胚轴长度结果一致。

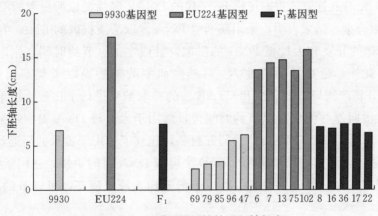

图 1.7 不同基因型植株下胚轴长度

### 1.2.3.6 采用高通量提取 DNA 的方法进行基因分型

在分子育种工作中，群体构建一般都会进行大批量种植，这就要求该提取方法在保证 DNA 质量的前提条件下可以更快速、高效且适用于有大批量样品的分子研究工作中。从上述结果可以看出，本研究采用 96 孔板高通量提取 DNA 的平台建立完成，提取的 DNA 质量良好，可以直接为 KASP 基因分型所使用，KASP 分型结果也与 F$_2$ 群体中下胚轴长度调查趋于一致，说明 KASP 基因分型平台建立完成。

## 1.2.4　讨论

目前，关于 DNA 提取方法有很多，其基本原理大致相同。位于植物细胞核中的 DNA 多数是以 DNA -蛋白质复合体的形式存在。在提取 DNA 的过程中，首先要把 DNA -蛋白复合体从破碎的细胞中释放出来，再通过一些化学试剂（如氯仿-异戊醇或酚-氯仿-异戊醇）来去除蛋白杂质，随后通过抽提得到 DNA（刘红艳，2014）。有研究者通过对比 SDS、CTAB 和试剂盒 3 种不同的 DNA 提取方法，对比提取出金橘 DNA 的浓度、$OD_{260/280}$、$OD_{260/230}$ 以及 PCR 凝胶检测结果和 SCoT 扩增产物分析。结果表明，CTAB 法和试剂盒提取法在去除大分子蛋白和 RNA 等杂质方面效果较好，并发现通过 CTAB 法提取的 DNA 浓度和纯度以及 PCR 扩增产物效果都很优良（张宇等，2018）。梁玉琴等（2012）通过对 CTAB 常规提取法进行了改良，并对比了改良 CTAB 法和基因组 DNA 试剂盒提取的 DNA 产物之间的质量。结果发现，改良 CTAB 法提取的 DNA 质量更优于试剂盒提取法。采用 CTAB 法提取 DNA 可以节约成本。有研究者以中油桃 8 号和 09 - 1 - 112 为亲本，对 $F_1$ 子代 500 株实生苗，结合八连管，提取了桃 $F_1$ 子代的 DNA，随后又以所提取的 DNA 进行了基因分型。结果表明，采用高通量 DNA 提取法所提取的 DNA 可以用于 Indel 标记的开发和大批量 DNA 的提取，且成本低、节约时间（张南南等，2018）。此外，还有学者通过 N -月桂酰肌氨酸钠法提取了梨不同组织的 DNA，并将产物与试剂盒法和 CTAB 法的提取结果进行了比较。结果表明，N -月桂酰肌氨酸钠法可以节约时间，且适用于大片段 DNA 提取（吴潇等，2017）。本研究以黄瓜 $F_2$ 群体为研究材料，建立了适用于黄瓜的高通量 DNA 提取方法，且该方法较传统的 CTAB 法提取 DNA 时间更短，适用于大批量 DNA 提取试验，而且在提取过程中不需要加入液氮冷却，可以节约成本和时间。

SNP 是目前最常用的遗传标记技术，与传统的标记技术相比，SNP 标记具有成本低、高基因组丰度、位点特异性、共显性遗传、高通量分析的潜力和相对较低的基因分型错误率等优点。在基因定位和种质资源研究方面广泛应用。另外，早期的 SNP 标记通过聚丙烯酰胺凝胶电泳和等位基因特异性 PCR 等方法工作量较大且流程烦琐，大大地影响了检测效率（芮文婧，2018）。KASP 技术可以通过荧光标记来做出基因分型，灵敏度高、方便快捷、成本低且准确性高（Wu et al.，2018）。有研究表明，KASP 技术具有转化率高、准确性高、反应灵活、低成本、高得率、操作简单等特点（Semagn et al.，

2014)。有研究者通过对比测序法、CAPS 和 KASP 3 种方法对大豆（*Glycine max*）Dt1 基因的分型情况。结果表明，KASP 基因分型技术是最经济适用的方法（赵勇等，2017）。KASP 目前在经济作物研究中有广泛应用。例如，有学者基于之前确定的 6 个组成种子功能性状的 SNP 标记信息，开发了 KASP 基因分型的分析方法，充分地展示了 KASP 基因分型的稳健性、高通量和辅助性（Patil et al.，2017）。此外，有研究者以大白菜（*Brassica pekinensis*）为研究材料，对 *BrFLCl* 进行了 KASP 基因分型检测。结果表明，50 余份材料基因分型结果与直接测序法结果相比，结果完全一致，证明了 KASP 基因分型技术的广泛适用性（杨双娟等，2020）。本研究通过对黄瓜 $F_2$ 群体进行 KASP 基因分型鉴定，并对黄瓜最优 KASP 程序进行了研究。结果表明，当循环数设定为 28 个时，可以得到最优的分型结果。高通量 KASP 基因分型平台的建立，不仅适用于黄瓜的基因分型，还可应用于其他物种。该平台的建立为后续山西农业大学园艺学院王文娇实验室进一步开展育种工作提供了理论依据和试验基础。

## 1.3　群体构建

### 1.3.1　试验方法

#### 1.3.1.1　RIL 群体构建

以山西农业大学园艺学院王文娇实验室（以下简称实验室）现有的 $F_1$ 自交种子和亲本材料为基础，2022 年 6 月在山西农业大学试验田播种 $F_2$、$F_3$ 群体，后续进行授粉，完成自交后收获了 $F_3$、$F_4$ 植株。通过单粒传法自交繁殖，在 2023 年 3 月于海南三亚播种 $F_4$ 群体，继续自交获得了 $F_5$ 植株。每年在山西晋中夏秋播种，在海南三亚冬春播种，以交叉播种的方式逐代自交，于 2024 年 1 月在海南三亚播种 168 株 $F_6$，自交后收获了 $F_7$。到 $F_7$ 代可以认为 RIL 群体构建已经完成。种植期间的田间水肥管理和病虫害防治与常规温室一致。

#### 1.3.1.2　NIL 群体构建

（1）KASP 分子标记开发与验证。通过双亲测序数据遗传变异分析，获取双亲间的差异 SNP 位点。使用 SNP 位点前后 50 bp 的序列在葫芦科网站中（http：//cucurbitgenomics.org/blast）进行 BLAST 比对，将 101 bp 序列比对到 Chinese Long v3 版本基因组上，筛选出特异性为 100% 的 SNP 位点后，使用相应的 101 bp 序列进行标记开发。1 组 KASP 引物包括 2 条特异正向引物和1条通用反向引物，共3条引物。其中，正向引物 A1 的 5′端需加上标准的 FAM 荧光接头序列，该序列为 5′- GAAGGTGACCAAGTTCATGCT - 3′，正向引物 A2 的 5′端需加上标准的 HEX 荧光接头序列，该序列为 5′- GAAG-GTCGGAGTCAACGGATT - 3′。引物全部由引物合成公司合成。合成后的干粉引物通过短暂离心、ddH₂O 溶解、涡旋振荡并再次短暂离心后用于后续试验。通过 QuantStudio 3（简称 Q3）型实时荧光定量 PCR 仪器，采用双亲与 F₁ 的 DNA 检测 KASP 标记的特异性，筛选出具有多态性的 KASP 标记用于后续 NIL 群体的基因分型。Q3 型实时荧光定量 PCR 仪器引物与酶的配制体系见表 1.14，反应程序见表 1.15。

**表 1.14  PCR 反应体系**

| 体系 | 10× （μL） |
| --- | --- |
| 2×KASP Mix | 5 |
| 10 μmol/L A1 | 0.1 |
| 10 μmol/L A2 | 0.1 |
| 10 μmol/L C1 | 0.3 |
| ddH₂O | 2.5 |
| DNA | 2 |
| 总计 | 10 |

**表 1.15  PCR 反应程序 "Q3 - KASP"**

| 反应程序 | 反应温度（℃） | 反应时间 | 梯度（℃） | 次数 |
| --- | --- | --- | --- | --- |
| Step 1 | 95 | 10 min | — | 1 |
| Step 2 | 95 | 15 s | — | 10 |
| | 61 | 1 min | −0.6 | |
| Step 3 | 95 | 15 s | — | 28 |
| | 55 | 1 min | | |

另外，根据 QTL 定位结果，在果实直径 QTL 区间与果实刺瘤密度 QTL 区间的两端和内部分别挑选 1 个 SNP 差异位点，共设计 6 组 KASP 引物，并进行多态性验证，将能够有效分型的引物用于后续 NIL 群体构建与黄瓜重要农艺性状遗传改良。

（2）构建方法。以实验室现有的 BC₁ 种子和亲本材料为基础，根据重测序数据确定亲本间差异的 SNP 位点，将黄瓜品种 9930 作为轮回亲本进行近等基因系的构建，利用 KASP 分子标记辅助筛选单株，图 1.8 为黄瓜渐渗系 $BC_4F_3$ 的构建路线。为保证轮回亲本花粉量足够，每季播种 30～50 株黄瓜品种 9930 用于回交。

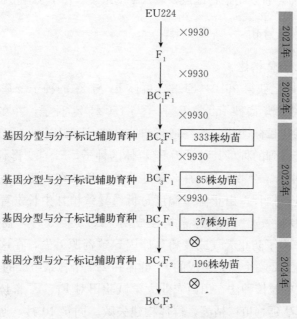

图 1.8　黄瓜渐渗系 $BC_4F_3$ 的构建路线

① 2022 年 6 月，在山西农业大学试验田播种了 142 株 $BC_1$ 材料，以 $BC_1F_1$ 材料为母本、9930 为轮回父本进行回交，收获了 $BC_2F_1$ 材料的种子。

② 2023 年 3 月，在海南三亚播种 1 056 株 $BC_2F_1$ 材料，根据幼苗生长状态对 $BC_2F_1$ 进行初步筛选，结合 KASP 基因分型技术，利用 35 组背景标记对初筛后的幼苗进行基因分型，筛选得到 333 株前景标记为杂合基因型的 $BC_2F_1$ 植株，继续与黄瓜品种 9930 回交，收获了 $BC_3F_1$ 材料的种子。

③.2023 年 6 月，对得到的 $BC_3F_1$ 种子进行播种，在山西晋中播种 880 株 $BC_3F_1$ 材料，通过 KASP 基因分型技术，筛选得到了 85 株前景标记为杂合基因型。同时，背景标记较纯合的 $BC_3F_1$ 单株，继续与黄瓜品种 9930 回交，得到 $BC_4F_1$ 材料的种子。

④ 2023 年 10 月，在海南三亚播种 1 041 株 $BC_4F_1$ 材料，同步骤③类似，通过 KASP 基因分型技术，筛选得到 37 株前景标记为杂合基因型，遗传背景完全纯合或杂合片段较少的 $BC_4F_1$ 材料，通过自交授粉，获得了 $BC_4F_2$ 材料的种子。

⑤ 2024 年 1 月，在海南三亚播种 858 株 $BC_4F_2$ 材料，通过 KASP 基因分型技术，共筛选出 196 个杂合率较低且杂合片段能够很好覆盖整个黄瓜基因组的单株，继续进行自交，获得的 $BC_4F_3$ 代可以认为 NIL 群体构建完成。将对应的种子写好编号、日期与播种地点，装入牛皮纸袋，存于实验室种子管理库中。

## 1.3.2 结果与分析

### 1.3.2.1 RIL 群体构建

实验室前期已获得 9930×EU224 群体 $F_2$ 与 $F_3$ 的种子。基于此，2022 年 6 月在山西农业大学播种 150 粒 $F_2$ 种子与 150 粒 $F_3$ 种子，并在果实成熟期对 $F_2$ 群体果实调查目标性状，最终通过自交收获了 121 个 $F_2$ 种瓜与 171 个 $F_3$ 种瓜。$F_2$ 自交得到的种瓜其种子为 $F_3$ 群体的种子，$F_3$ 自交得到的种瓜其种子为 $F_4$ 群体的种子。2022 年 10 月，通过单粒传种法在山西农业大学试验田对 $F_3$、$F_4$ 群体进行播种。由于温室温度过低，导致植株生长发育不良，且不开雌花，无法授粉，$F_3$、$F_4$ 群体未构建成功。2023 年 3 月，在海南三亚播种 $F_3$、$F_4$ 群体，为了防止天气或授粉等原因导致资源丢失，在这一代进行了扩繁，最终收获了 252 个株系组成的 $F_3$ 群体和 227 个株系组成的 $F_4$ 群体。2023 年 6 月，通过单粒传种法在山西农业大学试验田对 $F_4$、$F_5$ 群体进行播种，由于病毒病快速蔓延，植株枯萎，群体构建失败。同年 10 月，通过单粒传种法在海南三亚再次播种 $F_5$ 群体，最终收获了 168 个株系组成的 $F_5$ 群体。2024 年 1 月，通过单粒传种法在海南三亚对 $F_6$ 群体进行播种，收获了 168 个株系组成的 $F_6$ 群体，并将 $F_7$ 群体种子保存在 −20 ℃ 的种质资源库中。至此，认为以黄瓜品种 9930 与 EU224 为双亲的 RIL 群体构建完成。

由图 1.9、彩图 1 可知，这个黄瓜 RIL 群体在果实直径、果实刺瘤密度、果实长度和瓜把长度 4 个性状上体现出了显著差异，具有丰富的遗传多样性，证明遗传群体构建成功。

### 1.3.2.2 NIL 群体构建

（1）KASP 分子标记开发与验证。利用黄瓜品种 9930 与 EU224 重测序结果进行筛选，获得了双亲之间 SNP 差异位点，以及位点对应的染色体信息、物理位置、测序质量等信息。本研究设计了覆盖整个黄瓜基因组的 97 组特异性 KASP 引物，利用双亲与 $F_1$ 对 KASP 引物进行多态性验证。KASP 基因分型结果可根据每个反应孔的颜色对植株基因型进行鉴定，X 坐标轴与 Y 坐标轴分别代表了 HEX 与 FAM 荧光标签的荧光信号值。如图 1.10 所示，HEX 荧光信号可在靠近 X 坐标轴区域内被检测到，反应孔颜色为红色；FAM 荧光

图 1.9　黄瓜 RIL 群体果实多样性

信号可在靠近 Y 坐标轴的区域被检测到，反应孔颜色为蓝色；当 HEX 与 FAM 荧光信号同时被检测到时，会在坐标轴中间区域显示蓝色信号点；图 1.10 中临近原点处的"×"代表未添加 DNA 样品的阴性对照。在 KASP 基因分型图中，靠近横轴的红色扩增信号点与靠近纵轴的蓝色扩增信号点分别与原点直线相连，三者相连形成的夹角越接近 90°，则表示分型效果越好。图 1.10 为基因分型效果较好的结果。在本研究中，蓝色荧光代表纯合基因型 9930（A），红色荧光代表纯合基因型 EU224（B），绿色荧光代表杂合基因型 $F_1$（H），将 97 组引物通过 KASP 试验对分型效果筛选（图 1.10），共获得 38 组可以进行渐渗片段鉴定的 KASP 引物（表 1.16）。其中，35 组为均匀覆盖

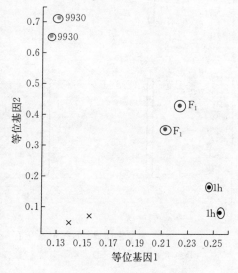

图 1.10　KASP 分型结果

注：○表示 9930（A），反应孔颜色为蓝色；◉表示 $F_1$（H），反应孔颜色为绿色；◉表示 EU224（B），反应孔颜色为红色。

整个黄瓜染色体组的背景标记，将这 35 组引物命名为 1.1～7.5。以"1.1"为例，第一个 1 是 chr1，第二个 1 是 chr1 上的第一组引物，这 35 组引物均匀分布在黄瓜 7 条染色体上（图 1.11）。

　　另外，由 QTL 定位结果可知，与果实直径相关的基因被定位在 1 号染色

体 1 654 704～1 958 556 区间内，根据该区间两端及内部的 SNP 序列，开发了 3 组 KASP 标记。经过引物验证发现，区间内部设计的 1 组引物无法有效分型，但区间两端的标记在双亲间具有多态性，可用于后续研究，分别命名为 FD-1 和 FD-2。控制果实刺瘤密度的基因被定位在 2 号染色体 28 639 711～28 945 539 区间内，在该区间两端与内部分别开发了 1 组标记。经过引物多态性筛选，最终在区间内部获得一组具有多态性的标记，命名为 FSD。如图 1.11 所示，这 38 组标记均匀分布在黄瓜 7 条染色体上，这套标记后续将用于 NIL 群体构建过程中的分子标记辅助筛选工作。

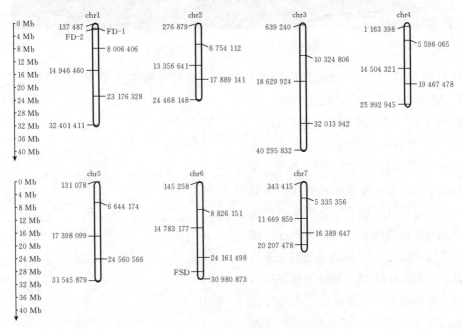

图 1.11　KASP 标记在染色体上的位置示意图

注：FD 表示果实直径，FSD 表示果实刺瘤密度。

表 1.16　NIL 群体 38 组 KASP 引物序列

| KASP 标记 | 染色体 | 位置 | 突变位点 | 正向引物序列（5′-3′） | 反向引物序列（5′-3′） |
|---|---|---|---|---|---|
| 1.1 | chr1 | 137 487 | T//A | GAAGGTGACCAAGTTCATGCTAT-TTTGCACGACTCGACTTGGA<br><br>GAAGGTCGGAGTCAACGGATTCT-ATTTTGCACGACTCGACTTGGT | GATTCAAGGCCCAA-GGTCCTAATCAA |

（续）

| KASP 标记 | 染色体 | 位置 | 突变位点 | 正向引物序列（5′-3′） | 反向引物序列（5′-3′） |
|---|---|---|---|---|---|
| FD-1 | chr1 | 1 629 650 | G//A | GAAGGTGACCAAGTTCATGCTTG-TTGAAAGATGCTGCATAAATAA-CATTTTT<br><br>GAAGGTCGGAGTCAACGGATTGT-TGAAAGATGCTGCATAAATAACA-TTTTC | GAACGTGAATGGAA-TCTCTTTAGCAGTAT |
| FD-2 | chr1 | 1 963 056 | T//G | GAAGGTGACCAAGTTCATGCTTA-GACAGATAGAGAAGTTTTTCGAC-G<br><br>GAAGGTCGGAGTCAACGGATTCT-TAGACAGATAGAGAAGTTTTTCG-ACT | GATAGTGGAGGAAG-ATAACTAATCTTATTA |
| 1.2 | chr1 | 8 006 406 | A//C | GAAGGTGACCAAGTTCATGCTA-AAAAAAAATCCGAATTCTTTAA-TTATTTCAA<br><br>GAAGGTCGGAGTCAACGGATTAA-AAAAAAATCCGAATTCTTTAATT-ATTTCAC | CTTATGGTTTTCAG-GGTTTTGGCTAAAAT |
| 1.3 | chr1 | 14 946 460 | A//G | GAAGGTGACCAAGTTCATGCTCA-TAAACATTTACGTGTAAAATAGC-ATGACA<br><br>GAAGGTCGGAGTCAACGGATTAT-AAACATTTACGTGTAAAATAGCA-TGACG | AAATTATTTTAAA-ATTTTCCTTCTAA-AGTT |
| 1.4 | chr1 | 23 176 328 | A//G | GAAGGTGACCAAGTTCATGCTAA-AGCTAAAAGTGTAAGGACTATAC-TTCAA<br><br>GAAGGTCGGAGTCAACGGATTGC-TAAAAGTGTAAGGACTATACTTC-AG | CTGTATCAGCCATA-GGAAGGTGTGTT |

（续）

| KASP 标记 | 染色体 | 位置 | 突变位点 | 正向引物序列（5'-3'） | 反向引物序列（5'-3'） |
|---|---|---|---|---|---|
| 1.5 | chr1 | 32 401 411 | T//G | GAAGGTGACCAAGTTCATGCTGG-GACACATGTAATTTAACGATCCC<br>GAAGGTCGGAGTCAACGGATTATGG-GACACATGTAATTTAACGATCCA | CCTTCGGGATCACT-GAACTGATGAA |
| 2.1 | chr2 | 276 879 | T//C | GAAGGTGACCAAGTTCATGCTCA-AAGAAAGCAGACAAGGATGTGAG<br>GAAGGTCGGAGTCAACGGATTGC-AAAGAAAGCAGACAAGGATGTG-AA | CTGAAAACTCCGTA-AAAGGAGCCCAA |
| 2.2 | chr2 | 6 754 112 | C//T | GAAGGTGACCAAGTTCATGCTGG-TTTGGTAGCAGAATTCAAACAT-TG<br>GAAGGTCGGAGTCAACGGATTGG-GTTTGGTAGCAGAATTCAAACAT-TA | ATAGTTAGTGGGCA-ACTACAACTTATAT |
| 2.3 | chr2 | 13 356 641 | C//A | GAAGGTGACCAAGTTCATGCTCA-GAGCACTGTTGAATCTAGCCAT-TT<br>GAAGGTCGGAGTCAACGGATTAG-AGCACTGTTGAATCTAGCCATTG | GCTGTTAATGTCAT-ACAGGTAACTCATC-AA |
| 2.4 | chr2 | 17 889 141 | T//A | GAAGGTGACCAAGTTCATGCTGG-AAATTCTCAAGTCTACAAAGTCT-TAAAT<br>GAAGGTCGGAGTCAACGGATTGG-AAATTCTCAAGTCTACAAAGTCT-TAAAA | AAACCGACCTTCGGT-GGTCTACAAA |
| 2.5 | chr2 | 24 468 148 | C//A | GAAGGTGACCAAGTTCATGCTAT-GTGGCCTTGTAGGTACTCCTTA<br>GAAGGTCGGAGTCAACGGATTGT-GGCCTTGTAGGTACTCCTTC | CACTTGGCTATAATG-GATTGAGAGGAATT |

（续）

| KASP标记 | 染色体 | 位置 | 突变位点 | 正向引物序列（5′-3′） | 反向引物序列（5′-3′） |
|---|---|---|---|---|---|
| 3.1 | chr3 | 639 240 | C//G | GAAGGTGACCAAGTTCATGCTAA-CTTTTCATACACGTGCTCGTCTC<br>GAAGGTCGGAGTCAACGGATTAA-CTTTTCATACACGTGCTCGTCTG | GCAGTAAGATCAGC-AAAGCGCTGAA |
| 3.2 | chr3 | 10 324 806 | G//A | GAAGGTGACCAAGTTCATGCTAA-AAATAAAATAAAATTCCGGTGG-GGATGA<br>GAAGGTCGGAGTCAACGGATTAA-TAAAATAAAATTCCGGTGGGGAT-GG | GTCGCTTCATTTTCT-AATTCTATCTTTGCA |
| 3.3 | chr3 | 18 629 924 | C//G | GAAGGTGACCAAGTTCATGCTCA-ACCAAAGACTCTCCCTTACTTC<br>GAAGGTCGGAGTCAACGGATTC-AACCAAAGACTCTCCCTTACTTG | CTTAAGTTTGGTCT-TCTGTACCTCCTTT |
| 3.4 | chr3 | 32 013 942 | G//A | GAAGGTGACCAAGTTCATGCTAC-ATGACAATTCGAAATAACATGT-CAATTATAA<br>GAAGGTCGGAGTCAACGGATTC-ATGACAATTCGAAATAACATGT-CAATTATAG | AGTAAATTACATG-GCAAAAATTGTA-AAACT |
| 3.5 | chr3 | 40 295 832 | C//T | GAAGGTGACCAAGTTCATGCTA-CAACGAGTCGAATTTCCATCCTC<br>GAAGGTCGGAGTCAACGGATTGA-CAACGAGTCGAATTTCCATCCTT | CCTTTAGAAGTTGGAT-GAAAGGAATCGTA |
| 4.1 | chr4 | 1 163 398 | T//C | GAAGGTGACCAAGTTCATGCTAA-CATAAACAACAAATGGGGAGCGC<br>GAAGGTCGGAGTCAACGGATTAA-CATAAACAACAAATGGGGAGCGT | TTATTTGTTTCCATA-TAAATCCTCAAGAAT |

（续）

| KASP 标记 | 染色体 | 位置 | 突变位点 | 正向引物序列（5'-3'） | 反向引物序列（5'-3'） |
|---|---|---|---|---|---|
| 4.2 | chr4 | 5 596 065 | A//G | GAAGGTGACCAAGTTCATGCTAT-TGTATTACACATTAATTGAATAG-CGTCTATA<br>GAAGGTCGGAGTCAACGGATTGT-ATTACACATTAATTGAATAGCGT-CTATG | GGGGTTGGCTTTCT-TGGTGAATGTA |
| 4.3 | chr4 | 14 504 321 | C//T | GAAGGTGACCAAGTTCATGCTGG-TGGTTTGACTTATGAGTTGTAGG<br>GAAGGTCGGAGTCAACGGATTAA-GGTGGTTTGACTTATGAGTTGTAGA | ACACATAAAGCAA-GAGAAGCCAAATG-AATA |
| 4.4 | chr4 | 19 467 478 | A//G | GAAGGTGACCAAGTTCATGCTAA-TCATTATACGGTCCTCTAAAGCC-TA<br>GAAGGTCGGAGTCAACGGATTC-ATTATACGGTCCTCTAAAGCCTG | TTGACTAAATCCAT-AGATCATGACTGCT-TT |
| 4.5 | chr4 | 25 992 945 | A//G | GAAGGTGACCAAGTTCATGCTTT-TAACATTTTTTAGTGTGTTTATT-TTATAGT<br>GAAGGTCGGAGTCAACGGATTTT-AACATTTTTTAGTGTGTTTATTT-TATAGC | CCTTTGATCAGTAG-CGGATCCATAAATTT |
| 5.1 | chr5 | 131 078 | G//A | GAAGGTGACCAAGTTCATGCTAT-ATACCCTTAACTTTTCTCATTTT-TTATGAA<br>GAAGGTCGGAGTCAACGGATTAT-ATACCCTTAACTTTTCTCATTTT-TTATGAG | TAATTTAATGACG-ACTGTTTTATATTA-TTT |
| 5.2 | chr5 | 6 644 174 | G//A | GAAGGTGACCAAGTTCATGCTA-CATGACCCAGAATAGCTCACACA<br>GAAGGTCGGAGTCAACGGATTC-ATGACCCAGAATAGCTCACACG | GAACTCCGCTTGGC-CACGTGTT |

（续）

| KASP 标记 | 染色体 | 位置 | 突变位点 | 正向引物序列（5′-3′） | 反向引物序列（5′-3′） |
|---|---|---|---|---|---|
| 5.3 | chr5 | 17 398 099 | T//A | GAAGGTGACCAAGTTCATGCTAT-TTCTTTTTATTATTTCAATCCTC-TATCTTTT<br>GAAGGTCGGAGTCAACGGATTT-CTTTTTATTATTTCAATCCTCTA-TCTTTA | TTAAACTAAGTGG-AAATAAGGTCTAA-TATT |
| 5.4 | chr5 | 24 560 566 | T//G | GAAGGTGACCAAGTTCATGCTCT-ATTCACTAAATCCAAGTCTTGAAC<br>GAAGGTCGGAGTCAACGGATTC-CTCTATTCACTAAATCCAAGTCT-TGAAA | GTCTAAACTATAAT-CCCTTTCGAGCCAAT |
| 5.5 | chr5 | 31 545 879 | T//C | GAAGGTGACCAAGTTCATGCTTT-TCTTTTTTCTCTTTCTATTTCATT-CATCC<br>GAAGGTCGGAGTCAACGGATTCT-TTTCTTTTTTCTCTTTCTATTTCA-TTCATCT | CACTTTTTGTGGTG-AAACTTATAATTA-AAA |
| 6.1 | chr6 | 145 258 | A//G | GAAGGTGACCAAGTTCATGCTAT-CAAGCCGCTGGAAACGTTAGTTT<br>GAAGGTCGGAGTCAACGGATTCA-AGCCGCTGGAAACGTTAGTTC | GACTGCTAATCATG-TGAACCACATTCAAT |
| 6.2 | chr6 | 8 826 151 | A//G | GAAGGTGACCAAGTTCATGCTGG-ATAAATAAATAGTGAAATGCGA-AAATTGTT<br>GAAGGTCGGAGTCAACGGATTGG-ATAAATAAATAGTGAAATGCGA-AAATTGTC | AGGACAATTGTCAT-TAAGAAATTAAGG-CAT |
| 6.3 | chr6 | 14 783 177 | G//A | GAAGGTGACCAAGTTCATGCTCA-TAGCACAAATGATGAATCTTAGGCT<br>GAAGGTCGGAGTCAACGGATTATAG-CACAAATGATGAATCTTAGGCC | GGTAAATTTTAGGAA-CAAAATTAGTTTCAA |

（续）

| KASP 标记 | 染色体 | 位置 | 突变位点 | 正向引物序列（5'-3'） | 反向引物序列（5'-3'） |
|---|---|---|---|---|---|
| 6.4 | chr6 | 24 161 498 | T//C | GAAGGTGACCAAGTTCATGCTGT-CAATAGGTACACCATGGTATCC<br><br>GAAGGTCGGAGTCAACGGATTG-GTCAATAGGTACACCATGGTATCT | TTATTAATATAGTA-GGAGTGATGATGGT-GC |
| FSD | chr6 | 28 762 688 | G//A | GAAGGTGACCAAGTTCATGCTG-GTTATAATTATTTAGTCTTTT-GAAGTTTAACA<br>GAAGGTCGGAGTCAACGGATTG-GTTATAATTATTTAGTCTTTT-GAAGTTTAACG | CAAATTTAAAAACA-ATTAAAGGGAACTA-AT |
| 6.5 | chr6 | 30 980 873 | C//A | GAAGGTGACCAAGTTCATGCTTA-AATTAGATTTGTAAAGCTTAAG-TTGCCTAA<br>GAAGGTCGGAGTCAACGGATTA-ATTAGATTTGTAAAGCTTAAGT-TGCCTAC | GCTATATTTGAGA-TAAAGAAAAATAG-TACA |
| 7.1 | chr7 | 343 415 | T//C | GAAGGTGACCAAGTTCATGCTAG-CATTCTGTTGAACATGACGGC<br>GAAGGTCGGAGTCAACGGATTA-CAGCATTCTGTTGAACATGACGGT | GCCGTCGTTTTCAA-CAACTTGACGAA |
| 7.2 | chr7 | 5 335 356 | C//T | GAAGGTGACCAAGTTCATGCTTC-ATTAATTTTGAAGAACTGAAAT-AGAGATTG<br>GAAGGTCGGAGTCAACGGATTC-ATTAATTTTGAAGAACTGAAAT-AGAGATTA | AAACCTTATGACTT-AATTCTCACAATCC-AA |
| 7.3 | chr7 | 11 669 859 | C//G | GAAGGTGACCAAGTTCATGCTCG-TCAAATTTTAAAAAGAAGAGTG-AGAAC<br>GAAGGTCGGAGTCAACGGATTCG-TCAAATTTTAAAAAGAAGAGTG-AGAAG | GTTGCTTTTCAACT-AACGGGAAATTGG-TA |

（续）

| KASP 标记 | 染色体 | 位置 | 突变位点 | 正向引物序列（5'-3'） | 反向引物序列（5'-3'） |
|---|---|---|---|---|---|
| 7.4 | chr7 | 16 389 647 | G//A | GAAGGTGACCAAGTTCATGCTGG-CAGAGAAAATAAAGAAGATAC-CAACA<br><br>GAAGGTCGGAGTCAACGGATTG-CAGAGAAAATAAAGAAGATAC-CAACG | CAAGAAGTCGGGC-ATACAAGATTAG-AAAT |
| 7.5 | chr7 | 20 207 478 | C//T | GAAGGTGACCAAGTTCATGCTGG-AGCTATTACTGTATTATTCCTCTG<br><br>GAAGGTCGGAGTCAACGGATTGA-TGGAGCTATTACTGTATTATTCC-TCTA | GAACCTTAACATCGT-CAAAATTCCACATAA |

注：KASP 标记名称中的 FD 表示果实直径，FSD 表示果实刺瘤密度。

（2）基于分子标记进行群体构建。本研究开发的这套高通量 KASP 标记在 9930×EU224 的 NIL 群体中成功进行了基因分型，分型结果充分表明这套 KASP 标记是极为可靠的（图 1.12）。如图 1.12 所示，"×"为阴性对照 NTC，黑圈分别为阳性对照 9930、F₁ 和 EU224，聚集在横轴的圆点代表与 EU224 基因型一致，聚集在纵轴的圆点代表与 9930 基因型一致，位于二者之间的为杂合基因型，可以将这些标记应用于后续辅助育种中。

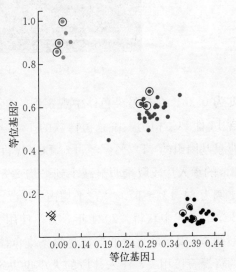

图 1.12　KASP 标记基因分型结果

基于这套 KASP 标记，开发了一个新的渐渗系（IL 系），以深入了解黄瓜果实品质的遗传调控机制（图 1.13、彩图 2）。在 BC₃ 群体中，渗入片段每系 2～19 个不等，平均为 9.8 个，中位数为 10，表明平均每条染色体和减数分裂发生了 1.4 次重组。遗传背景占 9930 基因组的比例为 33.53%～94%，平均为 74.37%。观察到的杂合

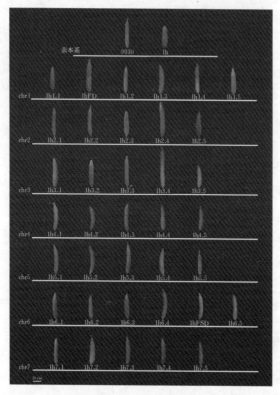

图 1.13　NIL 群体代表

度为 0.26。在 3 号染色体中观察到的杂合度最小，为 0.22。3 号染色体上包含 14 株 BC₃ 植物，占总植株数的 12.4%，平均有 9.4 个渗入片段，占 9930 背景基因组的 71.2%。经过对 BC₄ 代再一次标记辅助选择和回交后，37 个 ILs 的渗入片段数量明显减少到平均 2.8 个渗入，遗传背景占 9930 基因组的比例为 84.1%～97.9%，平均占 92.4%（表 1.17）。最终，所有的 ILs 均从 BC₄ 的后代中获得。2024 年 3 月，使用 BC₄F₂ 世代的 ILs 进行果实直径的表型调查。ILs 最显著的参数是每条染色体的 IL 数量，这与分辨率和表型所需的资源直接相关，渗入片段的大小也决定了分辨率和获得 IL 所需的世代数，这与非靶区域中不需要的渗入也有一定关联。由 37 个 IL 系组成的 EU224 渐渗系完整涵盖了 9930 的基因组（图 1.14）。由表 1.17 可知，平均每条染色体有 5.3 个 IL，渗入长度范围较大，从 4.49 到 33.52 Mb。其中，单片段渐渗系有 9 个，占比为 24.32%，分布位于除 1 号染色体之外的其他 6 条染色体上；双片段渐渗系有 8 个，占比为 21.62%，分别位于第 1 号、第 2 号、第 6 号和第 7 号染色体上；3 片段渐渗系有 9 个，占比为 24.32%，分别位于第 1 号、第 3 号、第 4 号、第 5 号和第 6 号染色体上；4 片段渐渗系有 6 个，占比为 16.22%，分别位于第 2 号、第 3 号、第 4 号、第 5 号和第 7 号染色体上；5 个及以上片段渐渗有 5 个，占比为 13.52%，分别位于第 1 号、第 3 号和第 6 号染色体上。

**表 1.17　37 份渐渗系材料的遗传结构分析**

| 编号 | 渗入片段数（个） | 染色体 | 渗入 EU224 片段长度（Mb） | 占 9930 基因组的比例（%） |
|---|---|---|---|---|
| EU224 1.1 | 6 | 1、4、5、6 | 33.40 | 84.17 |
| EU224 fd | 7 | 1、5、6 | 33.52 | 84.11 |
| EU224 1.2 | 3 | 1、6 | 16.16 | 92.34 |
| EU224 1.3 | 2 | 1、2 | 10.46 | 95.04 |
| EU224 1.4 | 3 | 1、2、6 | 15.64 | 92.59 |
| EU224 1.5 | 5 | 1、2、3 | 29.09 | 86.21 |
| EU224 2.1 | 1 | 2 | 33.40 | 84.17 |
| EU224 2.2 | 2 | 2、6 | 10.16 | 95.19 |
| EU224 2.3 | 2 | 2、3 | 13.14 | 93.77 |
| EU224 2.4 | 4 | 2、3、6 | 23.30 | 88.96 |
| EU224 2.5 | 2 | 2、6 | 10.16 | 95.19 |
| EU224 3.1 | 5 | 1、2、3、4 | 32.17 | 84.75 |
| EU224 3.2 | 1 | 3 | 8.18 | 96.12 |
| EU224 3.3 | 4 | 2、3、5 | 27.70 | 86.87 |
| EU224 3.4 | 3 | 3、4、6 | 18.73 | 91.12 |
| EU224 3.5 | 1 | 3 | 8.18 | 96.12 |
| EU224 4.1 | 1 | 4 | 5.37 | 97.46 |
| EU224 4.2 | 3 | 4 | 16.10 | 92.37 |
| EU224 4.3 | 4 | 4 | 21.46 | 89.83 |
| EU224 4.4 | 3 | 4、6 | 15.92 | 92.45 |
| EU224 4.5 | 1 | 4 | 5.37 | 97.46 |
| EU224 5.1 | 3 | 5、6、7 | 16.06 | 92.39 |
| EU224 5.2 | 4 | 2、5 | 21.28 | 89.91 |
| EU224 5.3 | 4 | 1、5、6 | 23.44 | 88.89 |
| EU224 5.4 | 1 | 5 | 6.38 | 96.97 |

（续）

| 编号 | 渗入片段数（个） | 染色体 | 渗入 EU224 片段长度（Mb） | 占 9930 基因组的比例（%） |
|---|---|---|---|---|
| EU224 5.5 | 3 | 5、6 | 17.95 | 91.49 |
| EU224 6.1 | 1 | 6 | 5.19 | 97.54 |
| EU224 6.2 | 2 | 6 | 5.19 | 97.54 |
| EU224 6.3 | 5 | 2、5、6 | 26.91 | 87.24 |
| EU224 6.4 | 3 | 6 | 15.56 | 92.62 |
| EU224 fsd | 3 | 6 | 15.56 | 92.62 |
| EU224 6.5 | 1 | 6 | 5.19 | 97.54 |
| EU224 7.1 | 1 | 7 | 4.49 | 97.87 |
| EU224 7.2 | 2 | 7 | 8.99 | 95.74 |
| EU224 7.3 | 2 | 7 | 8.99 | 95.74 |
| EU224 7.4 | 4 | 7 | 17.97 | 91.48 |
| EU224 7.5 | 2 | 7 | 8.99 | 95.74 |

注：编号中的 fd 表示果实直径，fsd 表示果实刺瘤密度。

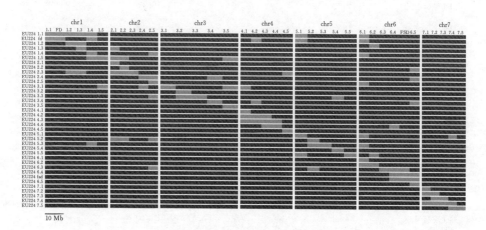

图 1.14　渐渗系基因型特征

注：黑色代表轮回亲本 9930 基因型，灰色代表供体亲本 EU224 基因型。FD 表示果实直径（fruit diameter，fd），FSD 表示果实刺瘤密度（fruit spine density，fsd）。

　　由表 1.18 可以看出，37 份渐渗系材料平均每条染色体渗入约 14.86 个片段，总染色体覆盖率为 100%。其中，1 号染色体渗入片段最多，有 26 个片段渗入，且渗入片段总长度最大，为 138.27 Mb。2 号染色体和 7 号染色体的渗入片段数最少，均为 11 个，渗入片段总长度分别为 90.15 Mb 和 49.43 Mb，且 7 号染色体渗入总片段长度最小。在 7 条染色体中，1 号染色体平均渗入片段长度最大，为 23.04 Mb；7 号染色体平均渗入片段长度最小，为 9.89 Mb。

表 1.18 37 份渐渗系的渗入片段在染色体上的分布及覆盖情况

| 染色体 | 渗入片段数（个） | 渗入片段总长度<br>（Mb） | 平均渗入片段长度<br>（Mb） | 覆盖染色体的<br>百分比（%） |
| --- | --- | --- | --- | --- |
| 1 | 26 | 138.27 | 23.04 | 100 |
| 2 | 11 | 90.15 | 18.03 | 100 |
| 3 | 14 | 94.95 | 18.99 | 100 |
| 4 | 12 | 64.21 | 12.84 | 100 |
| 5 | 15 | 85.13 | 17.03 | 100 |
| 6 | 15 | 73.60 | 12.27 | 100 |
| 7 | 11 | 49.43 | 9.89 | 100 |
| 总计 | 104 | 595.73 | 16.01 | 100 |

（3）分子标记辅助选择 9930 遗传背景 EU224 fd 导入系的创建。以 EU224 为母本，与父本 9930 进行杂交后收获了 $F_1$ 植株。以 9930 作为轮回父本继续进行回交，获得了 $BC_1F_1$ 分离群体，再次回交获得了 $BC_2F_1$。基于此，本研究在回交改良 9930 的各回交世代利用 KASP 分子标记辅助筛选育种，进行 $qfd1.1$ 单位点回交群体构建。从 1 056 株 $BC_2F_1$ 中筛选出 14 株标记 FD-1 与 FD-2 均为杂合基因型的单株作为母本，与轮回亲本 9930 进行杂交。在 $BC_3F_1$ 世代种植 880 个单株，通过 FD-1 与 FD-2 标记进行基因分型，共获得了 3 株 FD-1 与 FD-2 标记均为杂合基因型而整个遗传背景较纯合的 EU224 fd 单株，继续与轮回父本 9930 进行下一代世交。通过多世代回交，已剔除了多数黄瓜基因组中其他位点对果实直径片段的不利影响。从 44 株 $BC_4F_1$ 材料中筛选出 1 株 FD-1 与 FD-2 标记处均为杂合基因型且遗传背景更纯合的单株，进行自交授粉获得了 $BC_4F_2$。对收获的 $BC_4F_2$ 进行播种，通过分子标记进一步筛选，获得 16 株果实直径区间为 EU224 基因型的纯合单株进行自交授粉，在黄瓜果实商品期进行果实直径表型鉴定。

2024 年，在海南三亚对黄瓜渐渗系 EU224 fd 株系与亲本 9930 进行果实直径性状调查，具体信息如表 1.19 所示，EU224 fd 株系的果实直径为 5.66～6.22 cm，平均值为 5.94 cm，变异系数为 3.32%。受体亲本 9930 的果实直径为 4.33～5.39 cm，平均值为 4.90 cm，变异系数为 6.63%。说明 EU224 fd 与 9930 在果实直径表型性状方面存在显著差异。

表 1.19    渐渗系果实直径表型性状调查

| 编号 | 范围（cm） | 平均值（cm） | 标准差（cm） | 变异系数（%） |
|------|-----------|--------------|--------------|---------------|
| EU224 fd | 5.66～6.22 | 5.94 | 0.20 | 3.32 |
| 9930 | 4.33～5.39 | 4.90 | 0.32 | 6.63 |

## 1.3.3  讨论

F$_2$ 群体具有高度遗传性，且构建年限短，可快速检测到潜在 QTL。在前人研究中，关于黄瓜农艺性状相关 QTL 定位大多使用 F$_2$ 群体完成。魏庆珍等（2014）利用 CC3 与 NC76 杂交获得的 F$_2$ 群体定位到 9 个与果实长度和重量相关的 QTL。徐雪文等（2014）利用果肉厚度具有显著差异的双亲 XUE1 与 D8 进行杂交，获得了由 138 个株系组成的 F$_2$ 群体，利用该群体对黄瓜果肉厚度进行 QTL 定位，最终在 2 号染色体上检测到 1 个相关 QTL $fft2.1$，并推测出 $Csa2M058670.1$ 可能参与调控黄瓜果肉厚度。有学者利用瓜把长度具有高度差异的两个材料 Jin5-508 和 YN 对瓜把长度进行了 QTL 定位，在 7 号染色体上发现了 1 个与瓜把长度相关的 QTL $Fnl7.1$（Xu et al.，2020）。F$_2$ 群体由于个体间遗传背景差异大、遗传稳定性低，不利于开展多年多点重复性验证试验。F$_2$ 群体虽然具有一定优势，但相比之下，重组自交系（RIL）群体既能够将双亲优良性状组合在一起，又能够通过连续自交多代实现基因型纯合化，具有高度遗传稳定性，可以用于多年多点试验，进而提高 QTL 定位的可靠性与精确度。邢延安等（2014）利用 151 个株系组成的黄瓜 RIL 群体，利用两个不同季节采集果实长度表型数据，重复定位到 3 个果实长度相关 QTL（$Fl2.1$、$Fl4.1$ 和 $Fl6.1$），其中 $Fl4.1$ 是主效 QTL，并推测出基因 $Csa4G337340$ 可能参与调控果实长度。本研究以黄瓜重要农艺性状之间存在显著差异的材料 9930 与 EU224 为双亲，构建了黄瓜 RIL 群体。在保证遗传稳定性的情况下，该 RIL 群体还保留了黄瓜遗传多样性，可作为宝贵的遗传资源长期保存和重复使用，为后续黄瓜育种工作提供了稳定的遗传材料。

基因渗渗是发生于遗传距离较远的群体之间的基因渗入过程，通过基因交流，一个群体的遗传物质转移到另一个群体中，对受体材料实现基因库的部分改写，以期达到优势等位基因传递的结果，从而促进新品系的形成。渐渗系在多种作物中都发挥着重要作用。在过去的几年里，已经报道了包括黄瓜在内的许多不同物种的 IL 系，这些物种已成功用于不同性状的 QTL 鉴定（Perpiñá et al.，2016；Ali et al.，2021；Bo et al.，2018）。为了将不同黄瓜品种的优势性状更好地结合到一起，并改良现有的黄瓜品种外观品质，本研究开发了一个利用华北型黄瓜 9930 作为轮回亲本和欧洲型黄瓜 EU224 作为供体亲本的渐渗系（IL），以验证控制果实直径的 QTL。9930 和 EU224 两个黄瓜品系被选为开发 IL 系的亲本，是因为它们之间的多个重要表型差异显著，如果实直径、果实刺瘤密度、果实长度和瓜把长度。它们各自都存在着许多优良性状，分别代表了中国和欧洲受消费者喜爱的两种黄瓜类型。值得关注的是，9930 的果实直径较细，果实长，有瓜把，果实刺瘤密度较大；而 EU224 的果实直径较粗，果实短，无瓜把，果实刺瘤密度较小。这两个品种代表了这 4 个黄瓜重要农艺性状的极端表型。这两个品种杂交获得的后代 $F_2$ 群体出现众多性状分离，表明在 9930 与 EU224 的基因组中均存在许多优良基因，值得进一步去探究。本研究通过结合分子标记辅助育种技术（MAS），在短时间内加代获得 $BC_4F_3$ 代群体，大大减少了人为因素导致染色体片段丢失的问题。NIL 群体构建的理想状态是受体亲本（9930）上仅有来自供体亲本（EU224）单个纯合染色体渗入片段，并且渐渗系群体内的全部外源染色体片段能够覆盖所有染色体。目前，渐渗系的构建工作已经到了 $BC_4F_3$ 代，渐渗系群体内所有株系都是经过分子标记辅助筛选后得到的，杂合度达到了较低的水平，其中单个纯合染色体渗入片段的 IL 株系有 9 个，在很大程度上保留了供体亲本的优异表型。黄瓜重要农艺性状大多采用双单倍体如 $F_2$ 群体（Huang et al.，2022）或 $BC_1$ 群体（Song et al.，2018）等进行定位，遗传背景与基因间的干扰较大，不易对目标性状进行精细定位。该渐渗系的构建将黄瓜群体构建与分子标记辅助筛选和快速加代技术相结合，为黄瓜遗传育种群体的构建提供了新思路。同时，黄瓜渐渗系除了渐渗供体亲本的部分小片段外，其他遗传背景均与受体亲本完全相同，是进行 QTL 定位与精细定位的理想材料。不仅可以用于黄瓜果实直径QTL 的验证，还为未来其他黄瓜重要农艺性状 QTL 鉴定与验证及相关基因精细定位提供了宝贵的种质资源，为加快黄瓜遗传育种研究奠定了基础。

# 第二章　黄瓜外观品质相关研究

## 2.1　黄瓜外观品质研究进展

　　黄瓜（*Cucumis sativus* L.）属于葫芦科一年生草本植物，是全球最具有经济价值的蔬菜之一。根据黄瓜生态类型和地理分布，可分为野生型、华北型、华南型、欧洲温室型和欧美加工型等，不同类型的黄瓜满足不同的市场需求（Shimomura et al.，2016；Zhang et al.，2020）。黄瓜重要农艺性状包括果实直径、果实刺瘤密度、果实长度和瓜把长度等。黄瓜果实直径（fruit diameter）是黄瓜重要的质量性状之一，对黄瓜的产量和商品价值有重要影响。黄瓜果实形状通常由果实直径来评价，它会直接影响黄瓜产品的外观和产量（Wang et al.，2020）。细胞分裂和扩增的方向、时间和程度，均会对黄瓜果实形状产生重要影响（Colleet al.，2017）。黄瓜果实刺瘤（fruit spine density）由球形基部和尖锐的刺柄组成，覆盖在果皮上，是黄瓜的一个重要外观品质（Che et al.，2019），与华北型黄瓜相比，没有明显刺瘤的水果型黄瓜更容易包装、运输、储存和清洁（Yang et al.，2014），研究黄瓜果实刺瘤的调控机制对培育外观品质理想的黄瓜种质具有重要意义。果实长度（fruit length）是评价黄瓜果实品质的重要参考标准，收获时的果实长度从5～60 cm 不等。近年来，有不少学者利用不同研究方法对不同蔬菜作物进行了果实长度的遗传机制研究（Zhang et al.，2019）。黄瓜果实大小和形状，与细胞分裂和扩增的方向、时间、程度等因素有关（Colle Deng et al.，2017）。瓜把长度（fruit neck length）位于果实基部与种腔连接处（Wang et al.，2024），被定义为黄瓜果实的第一部分。当黄瓜果实成熟时，瓜把长度会发生1～12 cm 的巨大变化（Zhao et al.，2016），这部分味道不良，会对黄瓜的商业价值产生负面影响（Wang et al.，2020）。以上农艺性状的改良对改善黄瓜果实品质均具有重要意义。

　　分子标记技术（molecular marker）能够直接反映 DNA 片段在生物个体或种群间基因组的差异特征，属于遗传标记的一种。根据作物表型进行育种的传统方法，不仅受自身遗传组成影响，还受到内外环境因子的影响。DNA 是存在于细胞核中的染色体组分，其碱基决定遗传信息。DNA 分子标记技术直接对 DNA 序列本身进行检测，不会受不稳定的表型与环境影响（韩旻昊等，2023）。将分子标记技术与传统育种方式相结合，运用于植物高产、抗逆等优良性状的培育，是当今农业种质资源发展的重点目标。常用的可靠分子标记主要分为三大类：①基于分子杂交检测技术的有限制性片段长度多态性（restriction fragment length polymorphism，RFLP）。②以 PCR 技术为核心的有随机扩增多态性 DNA（random amplified polymorphism DNA，RAPD）、扩增片段长度多态性（amplified fragment length polymorphism，AFLP）、简单重复序列（single sequence repeat，SSR）、简单序列重复区间扩增多态性（inter simple sequence repeat，ISSR）、相关序列扩增多态性（sequence related amplified polymorphism，SRAP）。③以 DNA 测序技术为核心的有单核苷酸多态性（single nucleotide polymorphism，SNP）等（任跃波等，2020）。每种分子标记的特点与适用范围都不同。SNP 标记是以 DNA 测序技术为核心的最重要的分子标记类型之一，这种分子标记的差异主要源于不同物种基因组件差别和基因组上的转换与颠换。SNP 标记具有位点丰富、分布范围广、遗传稳定性强且易于自动化分析的特点，近年来，被育种学家们视为最稳定有效的分子标记技术，并被广泛用于分子标记的开发与应用（Sun et al.，2020）。

近年来，随着分子生物学技术的不断发展，传统育种方式逐渐被高效准确的分子标记辅助育种方法替代。遗传育种过程中的常用分子标记是 SNP 和 SSR，这些分子标记能够辅助筛选出目标性状个体，缩短育种年限，减少遗传育种群体构建所需的群体大小与世代数，进而提高群体构建效率（Zhang et al.，2022）。竞争性等位基因特异性 PCR（KASP）是一种基于单倍体 SNP 的高通量基因分型技术，具有简单易操作且成本低的特点，不依赖凝胶电泳检测方法，使用常规 qPCR 仪即可完成。目前，该技术在农业领域，不仅应用于种子纯度鉴定，还应用于基因定位、分子标记辅助育种和种质资源鉴定等方面（He et al.，2014）。Shen 等（2021）在 $F_2$ 群体中利用 KASP 技术对甜瓜斑驳外皮进行鉴定。李肯等利用 KASP 基因分型技术对甜瓜 56 份自交系材料的果肉硬度进行表型鉴定，并与表型数据比对，基因分型准确率达到 100%。Zhou 等（2022）利用 BSA 与 KASP 技术通过不同遗传群体对黄瓜果实空心性状进行精细定位。Zhang 等（2022）利用高密度遗传图谱进行甜瓜种子大小相关 QTL 定位，并结合 KASP 基因分型技术与 RNA‐seq 分析进行精细定位。果实性状改良一直是提高黄瓜果实品质潜力的关键。在分子水平上阐明黄瓜关键表型形成的遗传机制，开发利用新的黄瓜表型相关基因或 QTL，可以进一步丰富分子育种的理论，加快育种进程。简化基因组测序（genotyping by sequencing，GBS）技术具有成本低、对基因组 DNA 要求低（100 ng/$\mu$L）和技术简单等优点，目前已在多种作物中被广泛应用。Kishor 等（2021）利用遗传图谱与 GBS 测序研究黄瓜橙色果肉的分子机制，发现 CsOr 可能与黄瓜橙色果肉调控相关。Do Yoon Hyun 等（2021）利用 GBS 技术对甜瓜品种之间的复杂遗传变异进行研究，有效地对基因库中的甜瓜品种进行分类与管理。该技术的出现弥补了传统育种方法的不足，已发展成为一种具有应用价值的全球化技术。

QTL（quantitative trait locus）是指控制或影响某个数量性状的基因座，通过分子遗传标记与表型之间的关系，确定目标性状在染色体上的位置。QTL 定位方式主要包括基于双亲作图群体的连锁分析和基于自然种群的关联分析两大类。目前，常用的 QTL 作图方法有 20 多种，主要包括单标记分析（SMA）、区间作图法（IM）、复合区间作图法（CIM）和完备区间作图法（ICIM）等。挖掘黄瓜果实直径、果实长度、果实刺瘤密度和瓜把长度等重要农艺性状的遗传位点是黄瓜分子标记辅助育种的基础，促进了解析黄瓜重要农艺性状的遗传机制。Cui 等（2016）利用不同黄瓜材料杂交构建的 $F_2$ 群体为试验材料进行研究，发现黄瓜 6 号染色体上的 Csgl3 基因被确定为控制黄瓜刺瘤发育的候选基因。Bo 等（2019）通过不同环境下的不同种群 QTL 分析与GWAS 分析发现，Fsd2.3 和 Fsd6.1 是与果实刺瘤密度相关的 QTL 位点，且 Fsd6.1 可与 Csgl3 结合来调节天然黄瓜的超高果实刺瘤密度。Wang 等（2021）研究发现，CsHEC2 作为 Csgl3 和 CsTu 的重要辅助因子，直接刺激黄瓜中细胞分裂素（CTK）的生物合成来促进刺瘤的形成。Wei 等（2016）通过利用不同黄瓜品种对黄瓜果实长度进行 QTL 定位，鉴定出一个与果长相关的 QTL 位点 Fl3.2。Xin 等（2019）利用黄瓜短果实突变体材料确定了基因 SF1 控制黄瓜果实长度的变化，该基因能够抑制乙烯生物合成限制酶 ACS2（1 - aminocyclopropane - 1 - carboxylic acid synthase 2）的合成，产生过量的乙烯，抑制细胞分裂，进而调节果实长度，导致果实变短。Zhao 等（2019）研究发现，敲除 CsFUL1 基因会导致黄瓜果实进一步伸长，而 Cs-FUL1 基因过表达会导致黄瓜果实明显变短，同时 CsFUL1 基因还能够特异性结合 CsSUP 基因的启动子以抑制其表达从而抑制细胞分裂，最终得出 Cs-FUL1 基因是一个黄瓜果实长度的负调控因子。Che 等（2023）研究利用NIL 群体对黄瓜果实长度的分子机制进行研究，发现 CsCRCG 可以通过

*CsARP1* 的转录激活增强细胞扩增，正向调节果实长度。有研究利用 S1000 与 S1002 作为双亲，构建了 1 个由 153 个株系组成的 F₂ 群体，通过构建高密度遗传图谱，检测到了 7 个关于果实长度的 QTL、8 个与果实直径相关的 QTL，其中，*fl4.1*、*fl7.1*、*fd6.1* 在不同年份反复检测到（Zhu et al.，2016）。Xu 等（2020）利用不同黄瓜果实杂交产生的 F₂ 远缘群体为试验材料，研究发现，*CsFnl7.1* 可能通过与 CsDRP6 蛋白与 CsGLP1 蛋白之间的直接互作实现细胞扩增，从而调节果颈发育。Wang 等（2022）研究表明，*CsHEC1* 基因可以通过直接结合 *CsYUC4* 基因的启动子调节局部生长素水平来正调控果颈长度，并指出敲除 *CsOVATE* 基因果颈更长，*CsOVATE* 基因通过减弱 *CsHEC1* 基因介导的 *CsYUC4* 基因转录激活来抑制其功能，由此揭示了一种通过 *CsYUC4* 基因介导的黄瓜生长素生物合成来控制果颈长度的调节模型 *CsHEC1 - CSOVATE*。

　　虽然已经鉴定出部分与黄瓜长度、果实刺瘤密度等相关的 QTL 与基因，但迄今为止，黄瓜果实品质相关性状的基因挖掘进度仍然比较缓慢，黄瓜果实品质调控机制仍不明晰。实验室在前期利用多个农艺性状存在明显差异的华北型黄瓜 9930 和欧洲型黄瓜 EU224 两种材料作为双亲，构建了 F₁ 与 BC₁ 群体。基于此，本研究构建了 F₂ 分离群体，并对 F₂ 群体进行表型调查与 GBS 测序，以期定位出更多黄瓜重要农艺性状 QTL，进一步为黄瓜果实品质的形成机制奠定理论基础。

## 2.2　黄瓜果实外观品质表型鉴定

### 2.2.1　试验材料

　　黄瓜果实重要农艺性状初定位所用亲本组合为华北型黄瓜 9930 与欧洲型黄瓜 EU224。其中，华北型黄瓜 9930 果实较长，直径较细，刺密，瓜把长；而欧洲型黄瓜 EU224 果实短，直径较粗，刺稀，瓜把短。GBS 测序所用的材料为 9930 与 EU224 杂交获得的 F₂ 群体。2022 年夏季，种植 F₂ 群体及双亲于山西省晋中市山西农业大学试验田。种植试验材料的基质为蔬菜专用育苗基质，先将基质装入穴盘中，再用水浇透后播种，待幼苗长至两叶一心时，定植于温室中。田间种植行距为 1 m、株距为 0.3 m，温室管理同当地大田管理。

### 2.2.2　F₂ 群体表型鉴定

　　黄瓜果实直径、长度、刺瘤密度以及瓜把长度在果实成熟期已表现稳定。

因此，2022 年夏季，在山西省晋中市山西农业大学试验田，对花后 45 d 的 $F_2$ 群体果实直径、果实刺瘤密度、果实长度和瓜把长度 4 个农艺性状进行了测量与统计。

（1）果实直径（FD）。在花后 45 d，用游标卡尺测量距离果实顶部 1/2 处的横径，单位为厘米（cm），取 3 个重复的平均值。

（2）果实刺瘤密度（FSD）。在花后 45 d，用马克笔在一个刺瘤上画圈，记为 1。将整个黄瓜果实上的刺瘤全部圈住，获得黄瓜果实刺瘤数目。

（3）果实长度（FL）。在花后 45 d，用软尺测量黄瓜果柄基部到果实顶部的长度，取 3 个重复的平均值。

（4）瓜把长度（FNL）。在花后 45 d，将果实纵剖，用直尺测量果柄基部到种腔顶部的距离，取 3 个重复的平均值。

试验中所有表型数据均使用 Excel 2021 软件进行整理。利用 SPSS 及 Graphpad prism 软件对表型数据进行分析，并进行正态分布检验。

## 2.2.3 $F_2$ 群体表型分析

在果实成熟期，对 9930×EU224 构建的 $F_2$ 群体的果实直径（FD）、果实刺瘤密度（FSD）、果实长度（FL）和瓜把长度（FNL）进行了调查与分析，表型分布如图 2.1 所示。由图 2.2、彩图 3 和表 2.1 可以看出，该 $F_2$ 群体的 4 个重要农艺性状表型分布多数呈现正态分布，且这 4 个数量性状的变异系数为 19.5% ～ 79.4%，说明具有丰富的遗传变异。

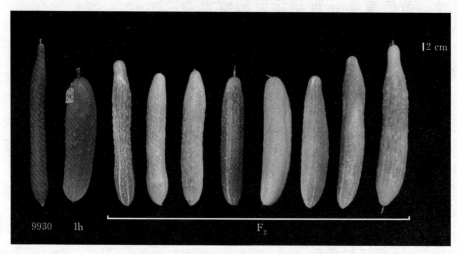

图 2.1　黄瓜遗传图谱作图亲本和 $F_2$ 群体表型

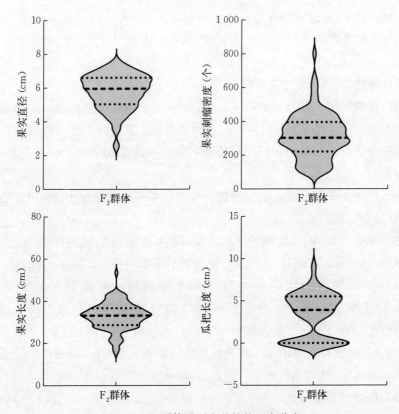

图 2.2　F₂ 群体重要农艺性状正态分布

**表 2.1　F₂ 群体变异分布**

| 性状 | 范围 | 平均值 | 标准差 | 变异系数（%） |
| --- | --- | --- | --- | --- |
| 果实直径（cm） | 2.26～7.59 | 5.65 | 1.10 | 19.5 |
| 果实刺瘤密度（个） | 53～670 | 304.9 | 125.26 | 41.1 |
| 果实长度（cm） | 14.3～53.4 | 31.6 | 6.98 | 22.1 |
| 瓜把长度（cm） | 0～9.3 | 3.2 | 2.6 | 79.4 |

## 2.3　黄瓜果实外观品质 GBS 测序

### 2.3.1　试验方法

#### 2.3.1.1　高通量 CTAB 法提取 DNA

采用高通量 CTAB 法提取双亲、F₁ 和 120 个 F₂ 群体单株叶片的 DNA，用于 GBS 测序，按以下程序进行：

（1）选取新鲜黄瓜叶片装入 1.2 mL 深孔八连管内，并加入 1 颗直径 2 mm 钢珠。

（2）预热 CTAB 缓冲液，设置 65 ℃、15 min 水浴。

（3）在通风橱中，将 100 μL CTAB 缓冲液分别添加到八连管中，设置振荡频率 1/30，时间 5 min，将深孔八连管置于组织破碎仪中进行研磨。根据样品粉碎程度进行时间调整，若样品粉碎不彻底，继续粉碎 3～5 min，直至研磨充分为止。

（4）使用电子秤对深孔八连管进行配平，在两板重量差小于 0.1 g 后，放入 96 孔离心机短暂离心。

（5）在通风橱中，将 240 μL CTAB 缓冲液分别添加到深孔八连管中，65 ℃水浴 45 min，其间每 15 min 将深孔板上下翻转混匀，共 3 次。

（6）待水浴后的深孔八连管冷却至常温后，加入 340 μL 混合溶液（氯仿∶异戊醇＝24∶1）后，缓慢上下颠倒，充分混匀并配平，放入 96 孔离心机离心，设置 3 000 r/min，离心 10 min。

（7）吸取 200 μL 上清液于新八连管中，并加入 200 μL 异戊醇，轻柔颠倒后配平，放入 96 孔离心机离心，设置 3 000 r/min，离心 30 min。

（8）缓慢倒掉上清液，加入 200 μL 的 70％无水乙醇，充分洗涤 DNA 沉淀后配平，放入 96 孔离心机离心，设置 3 000 r/min，离心 10 min。

（9）缓慢倒掉乙醇，吸干多余的乙醇，室温下开盖放置一夜，晾干乙醇。

（10）用 50 μL 含有 1/1 000 RNA 酶的 ddH$_2$O 进行稀释，待 DNA 沉淀完全溶于水后，进行浓度测定，将质量合格的 DNA 溶液保存于－20 ℃条件下，用于后续试验。

相关试剂配制方法：

（1）氯仿-异戊醇混合溶液（1 L）：用量筒分别量取氯仿 960 mL、异戊醇 40 mL，置于烧杯中，搅拌均匀，4 ℃保存。

（2）CTAB 缓冲液（1 L）：见表 2.2。

**表 2.2 CTAB 缓冲液**

| 药品 | 成分 |
| --- | --- |
| CTAB | 20 g |
| NaCl | 81.8 g |
| EDTA·Na$_2$ | 7.4 g |

（续）

| 药品 | 成分 |
| --- | --- |
| Tris | 12.114 g |
| $\beta$-巯基乙醇 | 8 mL |

### 2.3.1.2　DNA 质量检测

用于 GBS 测序的 DNA 采用 Nanodrop 进行质量检测，$OD_{260/280}$ 为 1.8～2.2，浓度大于 50 ng/$\mu$L、总量大于 2 $\mu$g 且无蛋白质和肉眼可见杂质污染的样品为 DNA 合格样品，可用于下一步试验。对质量符合要求的 DNA 样品，利用 1‰浓度的琼脂糖凝胶电泳进行完整性检测，具体检测方法如下：

（1）配制 50×TAE 缓冲溶液，稀释为 1×备用。

（2）称取 1 g 琼脂糖粉末，倒入烧杯中，加入 100 mL 1×TAE 缓冲液，搅拌后放入微波炉，高火 2 min，溶液呈清澈透明状即可。

（3）待液体温度稍降，加入 TS-GelRed 核酸凝胶染料 10 $\mu$L，轻轻摇匀后，缓慢匀速倒入插好梳子的模板中，避免产生气泡。

（4）等待 20 min 左右，凝胶冷却成型后，拔出梳子，放入电泳槽中，并添加 TAE 缓冲液至其没过凝胶。

（5）将样品与 Loading buffer 混合后点样，点样完成后，电压设置 130 V，时间设置 20～25 min，开始进行琼脂糖凝胶电泳试验。

（6）将凝胶从电泳槽中取出，放入凝胶成像系统，进行拍照记录，确定 DNA 条带的完整度。

### 2.3.1.3　文库构建与测序

简化基因组文库构建与测序流程按照图 2.3 进行分析，具体包括以下 8 个步骤：

（1）将 200 ng 基因组 DNA 用 $Mse$ I 和 $Sac$ I 完全酶切基因组 DNA。

（2）向酶切产物加入特异性接头连接后，加入连接反应混合物进行 Pooling[①]并用 AMPure XP Beads 进行纯化。

（3）用高保真聚合酶 KOD-Plus-Neo（TOYOBO）进行 PCR 富集。

（4）将所有产物 Pooling 并用 Bio-Rad Certified Megabase Agarose 进行低压过夜电泳，选取 300～500 bp 的条带，然后用琼脂糖凝胶回收试剂盒

---

① Pooling 是指在将特异性接头连接到酶切产物后，将这些反应的混合物合并在一起，以便进行后续的处理和纯化。

（QIAGEN）进行纯化。

（5）文库构建完成后，使用 Qubit3.0 进行初步定量。

（6）使用 Agilent 2 100 对文库插入片段的大小进行检测，插入片段大小符合预期且无接头污染后，可进行下一步试验。

（7）使用 QTOWER 实时荧光定量 PCR 仪对文库的有效浓度进行准确定量，即有效浓度＞2 nmol/L 为合格文库。

（8）按照目标上机数据量对文库进行 Pooling，使用 Illumina HiSeq 平台进行测序，采用 Paired - end 150 bp（PE150，双端测序）的测序策略。

图 2.3　简化基因组文库构建与测序流程

### 2.3.1.4　GBS 测序数据质控

为了保证数据质量，采用 fastp 软件（Version 0.23.0）对得到的原始测序数据（raw data）进行质控。首先，去除 reads（即读长）可能含有的接头序列，同时去除 reads 中的低质量碱基，以 4 bp 为一个滑动窗口，计算平均质量数。若低于 15，则去除这 4 个碱基之后的所有序列。完成以上两步的质控后，再去掉长度低于 50 bp 的 reads。

### 2.3.1.5　reads 与参考基因组比较

选择 Chinese Long v3 版本基因组（http：//cucurbitgenomics. org/organism/20，Chinese Long v3genome）作为黄瓜参考基因组，采用 BWA 软件（Version 0.7.15 - r1140）的 MEM 算法将 PE reads 比对到参考基因组上，得到 SAM 格式的比对结果。然后，使用 samtools 软件（Version 1.3.1）将比对生成的 SAM 格式转变为 BAM 格式，并对 BAM 文件中的 reads 进行排序，使其按照染色体的物理位置存储在 BAM 文件中，最终得到的 BAM 文件可以用于覆盖度和覆盖深度的统计以及挖掘变异位点。

### 2.3.1.6　变异检测与注释

采用 GATK（Version 3.7）软件包中的 HaplotypeCaller 模块对每个样品生成了 gvcf 文件。然后，使用 GenotypeGVCFs 模块对所有样品进行了 SNP 与 InDel 变异检测。为了获得高置信度的位点用于后续遗传连锁图谱的构建，首先去除测序深度＜3 的位点，其次过滤掉子代基因型缺失比例＞50％的位点以及较小等位基因频率≥20％的变异位点。最终，对变异类型与变异在基因组上的分布进行了分析，所有样品与参考基因组之间存在的变异信息以 vcf 格式文件存储。结合变异信息，使用 ANNOVAR 软件（Version 2016Feb1）进行变异注释并预测变异对基因功能的影响。

## 2.3.2　GBS 测序数据分析

通过黄瓜亲本和 120 个 $F_2$ 个体的 Illumina 测序，基于 Chinese Long v3 版本黄瓜参考基因组，共获得 98.72 G 清洁碱基。对测序数据进行统计，Q20 与 Q30 平均比值分别为 97.48%、92.85%，GC 平均含量为 41.68%。群体共获得 418 013 326 个 reads，其中亲本 9930 和 EU224 分别有 2 409 801 和 2 233 069 个 reads。所有样品的测序数据比对到参考基因组的平均比例为 85.35%，PE reads 比对率高于 70%。9930 与 EU224 的平均覆盖深度分别为 39.96 和 13.15，$F_2$ 群体的平均覆盖深度为 36.11（表 2.3）。同时，由图 2.4 可知，测序数据对基因组覆盖较均匀。表明文库构建正常，没有污染。

**表 2.3　GBS 测序数据统计**

| 样品名称 | reads（个） | Q20（%） | Q30（%） | GC（%） | 平均覆盖深度 |
|---|---|---|---|---|---|
| 9930 | 2 409 801 | 97.27 | 92.47 | 42.38 | 39.96 |
| EU224 | 2 233 069 | 97.85 | 93.80 | 44.55 | 13.15 |
| $F_2$ 群体 | 405 461 152 | 97.48 | 92.85 | 41.68 | 36.11 |

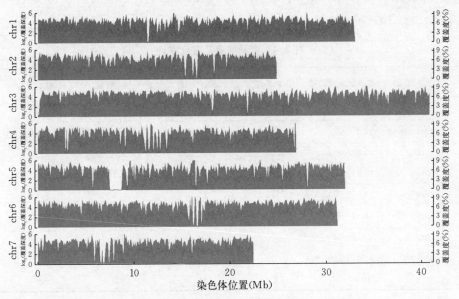

图 2.4　测序数据对基因组的覆盖度和覆盖深度分布

由图 2.5 可以看出，碱基 A 与 T 的比例接近，碱基 C 与 G 的比例接近，且 N 含量很低，表明测序数据质量足够高。

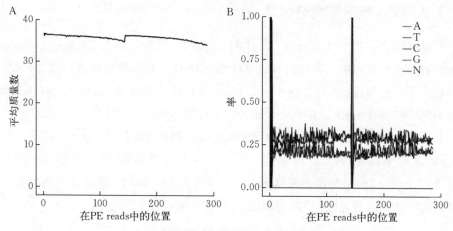

图 2.5　测序数据碱基质量数及碱基含量分布图

注：A 为测序数据碱基质量数，B 为测序数据碱基含量。PE reads 即 paired-end reads。

基于此，共发现了 5 803 个变异位点（表 2.4），且变异位点分布较均匀（图 2.6）。其中，包含 5 182 个 SNP 变异、621 个 InDel 变异（表 2.4、图 2.7）。由表 2.5 和图 2.7 可知，A/G 和 C/T 型是 2 种主要 SNP 变异的类型，占 SNP 变异的 63.86%；其他 4 种 SNP 变异 A/C、A/T、C/G 和 G/T 占 36.14%，符合预期。

**表 2.4　变异数量及密度统计**

| 染色体编号 | 染色体长度（cM） | SNP 数量（个） | SNP 密度（个/Mb） | InDel 数量（个） | InDel 密度（个/Mb） |
|---|---|---|---|---|---|
| chr1 | 32 926 272 | 588 | 17.86 | 81 | 2.46 |
| chr2 | 24 837 039 | 783 | 31.53 | 101 | 4.07 |
| chr3 | 40 877 379 | 810 | 19.82 | 99 | 2.42 |
| chr4 | 26 827 763 | 678 | 25.27 | 71 | 2.65 |
| chr5 | 31 913 682 | 783 | 24.53 | 82 | 2.57 |
| chr6 | 31 125 843 | 918 | 29.49 | 119 | 3.82 |
| chr7 | 22 466 726 | 622 | 27.69 | 68 | 3.03 |
| 总计 | 210 974 704 | 5 182 | 24.56 | 621 | 2.94 |

注：SNP 密度指的是每 Mb 含有的 SNP 数量。InDel 密度指的是每 Mb 含有的 InDel 数量。

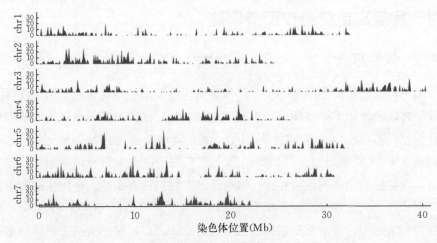

图 2.6　变异在基因组上的分布

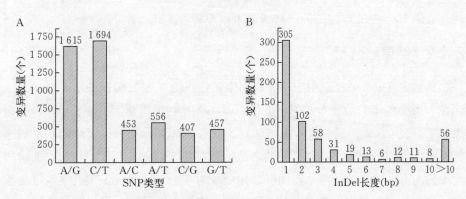

图 2.7　SNP 及 InDel 变异类型统计

注：图 A 为 SNP 变异类型，图 B 为 InDel 变异类型。

### 表 2.5　SNP 变异类型统计

| 变异类型 | 变异数量（个） | 比例（%） |
| --- | --- | --- |
| A/G | 1 615 | 31.17 |
| C/T | 1 694 | 32.69 |
| A/C | 453 | 8.74 |
| A/T | 556 | 10.73 |
| C/G | 407 | 7.85 |
| G/T | 457 | 8.82 |

## 2.4 黄瓜高密度遗传图谱构建

### 2.4.1 试验方法

采用过滤后的高质量基因型文件构建遗传连锁图谱。首先，根据子代群体内标记之间的连锁关系推断出亲本的基因型，并根据亲本基因型对子代基因型进行标注。若标记与亲本 9930 基因型一致，则该位点子代基因型记为"A"；若与亲本 EU224 基因型一致，则记为"B"；若该位点为杂合，则记为"H"。同时，与实际的亲本基因型相比，以验证亲本材料的真实性。在构建遗传图谱的过程中，会发现部分基因型缺失或有误，基于隐马尔可夫模型（HMM）填补缺失的基因型，并对部分错误基因型进行修正，以确保图谱的完整性与准确性。修正后的图谱使用 MSTMap 软件描述的方法对标记之间的重组率进行评估，采用 Kosambi 作图函数将获得的重组率转换为遗传距离。

### 2.4.2 结果与分析

共包含 5 662 个标记用于构建高密度遗传图谱（表 2.6）。图 2.8 显示了标记在 7 条染色体上的分布情况，遗传距离（cM）在纵坐标用刻度表示，标记用黑色线条表示。该图谱总遗传距离达到了 656.177 cM，相邻标记之间的平均遗传距离为 0.116 cM，图谱密度较高；遗传距离为 59.690～121.292 cM，平均遗传距离为 93.740 cM；每个连锁群总标记数为 634～1 030 个；其中，6 号染色体所含总标记数最多，数量达到 1 030 个；遗传连锁图谱中相邻标记之间的最大遗传距离在 1 号染色体上，为 49.762 cM。3 号染色体上的标记分布最为松散，平均间距为 0.139 cM；7 号染色体上的标记分布最为紧密，平均间距仅 0.087 cM，表明该遗传图谱质量较高（表 2.6）。

**表 2.6 遗传连锁图谱信息**

| 染色体 | 遗传距离（cM） | 总标记数（个） | 总 bin 数（个） | 相邻标记之间的平均遗传距离（cM） | 相邻 bin 之间的平均遗传距离（cM） | 相邻标记之间的最大遗传距离（cM） |
|---|---|---|---|---|---|---|
| chr1 | 83.661 | 634 | 77 | 0.132 | 1.101 | 9.762 |
| chr2 | 101.557 | 873 | 95 | 0.116 | 1.08 | 9.099 |
| chr3 | 121.292 | 873 | 112 | 0.139 | 1.093 | 5.34 |

（续）

| 染色体 | 遗传距离（cM） | 总标记数（个） | 总 bin 数（个） | 相邻标记之间的平均遗传距离（cM） | 相邻 bin 之间的平均遗传距离（cM） | 相邻标记之间的最大遗传距离（cM） |
|---|---|---|---|---|---|---|
| chr4 | 91.554 | 711 | 81 | 0.129 | 1.144 | 7.644 |
| chr5 | 94.828 | 852 | 88 | 0.111 | 1.09 | 5.067 |
| chr6 | 103.595 | 1 030 | 100 | 0.101 | 1.046 | 5.553 |
| chr7 | 59.690 | 689 | 74 | 0.087 | 0.818 | 3.651 |
| 平均值 | 93.740 | 808.857 | 89.571 | 0.116 | 1.053 | 6.588 |
| 合计 | 656.177 | 5 662 | 627 | — | — | — |

注：没有交换的标记合并称为一个 bin。

通过 F$_2$ 个体染色体来源分析，发现每个 F$_2$ 个体中较大区段的来源都保持一致，符合预期（图 2.9、彩图 4）。从遗传连锁图谱与参考基因组之间的共线性分析可知，该遗传连锁图谱与黄瓜参考基因组对应关系良好（图 2.10），说明构建图谱的准确性，可进一步用于 QTL 分析。

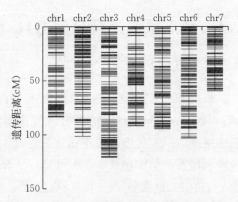

图 2.8 黄瓜高密度遗传连锁图谱

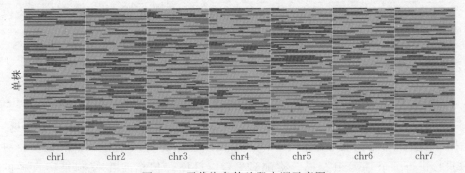

图 2.9 子代染色体片段来源示意图

注：横坐标是遗传位置，纵坐标是单株编号（与图谱完整信息表中的单株顺序对应）。蓝色区段表示来源于亲本 A，红色区段表示来源于亲本 B，绿色为杂合区段，两个标记之间的交换默认发生在中点位置见彩图 4。

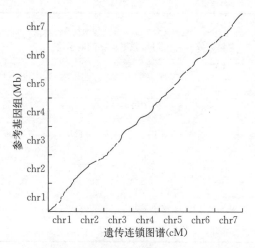

图 2.10　遗传连锁图谱与参考基因组之间的共线性分析

## 2.5　黄瓜果实外观品质 QTL 定位

### 2.5.1　试验方法

根据 $F_2$ 群体表型数据与高密度遗传连锁图谱，采用 QTL Cartographer（Version 1.17j）软件中的复合区间作图法（CIM）对黄瓜的果实直径、果实刺瘤密度、果实长度和瓜把长度进行 QTL 分析。QTL 阈值由 permutation 确定，利用置换检验做 1 000 次重复，估算单个连锁群及基因组范围内 $P=0.05$ 水平上的 LOD 阈值。当 LOD 峰值大于或等于阈值时，即视作该位点存在一个 QTL，且峰值位置最有可能为相应 QTL 基因的位置。QTL 命名格式如下：以 *qfd1.1* 为例，*q* 表示 QTL，*fd* 表示果实直径性状，第一个 1 表示 1 号染色体，第二个 1 表示定位到的第一个 QTL。

### 2.5.2　QTL 定位

根据 $F_2$ 群体的表型数据与高密度遗传连锁图谱，利用 QTL Cartographer（Version 1.17j）软件对 4 个黄瓜重要农艺性状（果实直径、果实刺瘤密度、果实长度和瓜把长度）进行了 QTL 定位。采用复合区间作图法（CIM）对 QTL 进行了全基因组扫描，检测到 2 个 QTLs，包括 1 个控制果实直径的 QTL、1 个控制果实刺瘤密度的 QTL。详细的 QTL 信息如表 2.7 所示，包括 LOD 值、物理位置、加性效应和显性效应。由图 2.11 可知，本研究定位到 2 个 LOD 值均大于 4，包括 *qfd1.1* 和 *qfsd6.1*，分布在 1 号染色体和 6 号染色体上。

**表 2.7　基于 F₂ 群体的黄瓜重要农艺性状 QTL 定位结果**

| QTL | 性状 | 染色体 | 位置 (cM) | LOD 值 | $R^2$ | 加性效应 | 显性效应 | 置信区间 | 标记间隔 | 物理位置 |
|---|---|---|---|---|---|---|---|---|---|---|
| $qfd1.1$ | 果实直径 | chr1 | 4.46 | 4.07 | 2.00% | −0.270 6 | −1.138 4 | 4.02～5.36 | c01b007～c01b009 | 1 654 704～1 958 556 |
| $qfsd6.1$ | 果实刺瘤密度 | chr6 | 93.13 | 14.22 | 36.40% | −125.491 9 | 11.139 8 | 93.13～93.58 | c06b093～c06b094 | 28 639 711～28 945 539 |

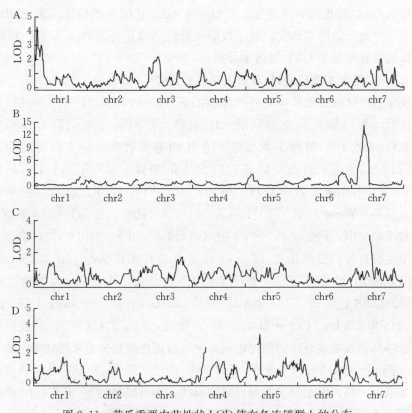

图 2.11　黄瓜重要农艺性状 LOD 值在各连锁群上的分布

注：图 A 为果实直径 LOD 值。图 B 为果实刺瘤密度 LOD 值。图 C 为果实长度 LOD 值。图 D 为果把长度 LOD 值。

　　其中，检测到控制果实直径的 $qfd1.1$，解释表型贡献率为 2.00%，LOD 值为 4.07，位于 1 号染色体 1 654 704～1 958 556 共约 303 kb 的区间内。检测到控制果实刺瘤密度的 $qfsd1.1$，解释表型贡献率为 36.40%，LOD 值为 14.22，位于 6 号染色体 28 639 711～28 945 539 共约 306 kb 区间内（表 2.7）。

### 2.5.3 讨论

#### 2.5.3.1 黄瓜果实刺瘤密度 QTL 与前人研究的比较

大量研究表明了黄瓜果实刺瘤密度对黄瓜果实品质的重要性（Zhang et al.，2016；Liu et al.，2022；Liu et al.，2018）。本研究检测到 1 个与果实刺瘤密度相关的 QTL 位点，物理区间为 6 号染色体 28 639 711～28 945 539 bp。前人研究表明，6 号染色体上存在 1 个与果实刺瘤密度相关的调控基因 *CsGL3*（Bo et al.，2019），该基因物理区间为 28 760 373～28 766 391 bp，与果实刺瘤密度相关 QTL 簇重叠。一方面，验证了 *CsGL3* 基因与调控果实刺瘤密度相关；另一方面，说明本研究的测序数据及分析结果是可靠的。基于上述结果，对黄瓜果实直径相关 QTL 进行了分析。

#### 2.5.3.2 黄瓜果实直径 QTL 与前人研究的比较

果实直径性状是黄瓜果实外观品质的重要决定因素。Bo 等（2015）基于 XIS 黄瓜与栽培黄瓜杂交得到的 RIL 群体，检测到 3 个 QTLs（*qfd1.1*、*fd4.1* 和 *qfd6.1*），解释了黄瓜果实直径的遗传机制。前人研究表明，在 Gy14 和 9930 黄瓜品种杂交的 F$_2$、F$_3$ 和 RIL 群体中发现了多个果实形状的 QTLs，其中 3 个次要效应 QTLs（*qFD2.1*、*qFD5.1*、*qQFD6.1*）控制未成熟果实直径（Weng et al.，2015）。在 WI7238（长果）和 WI7239（圆果）近交系黄瓜杂交中，*FS1.2* 和 *FS2.1* 控制圆果形状，*FS1.2* 和 *FS2.1* 均参与黄瓜整个生长过程的径向生长（Pan et al.，2017）。*CsSUN*（*Cucsa.288770* or *Csa1G575000*）是 QTL *FS1.2* 的果实形状候选基因，其中 *Cucsa.288770* 位于 scaffold02 698 上的 294 979～296 368 bp，*Csa1G575000* 位于 chr1 上的 21 748 270～21 749 865 bp（Pan et al.，2017）。最近，*FS5.2/CsCRC* 工作模型被确定用于解释黄瓜果实直径的调控机制，它通过促进细胞分裂来增加黄瓜的果实直径（Pan et al.，2022）。此外，*CsTRM5* 也与黄瓜果实形状有关，该基因通过增加或减少横向细胞分裂来调控果实形状。本研究利用 F$_2$ 群体，在 chr1 上发现了一个新的 QTL 簇，它解释了果实直径表型变异的 2%。该 QTL 位于 chr1 上的 1 654 704～1 958 556 bp 处。

#### 2.5.3.3 黄瓜果实直径候选基因预测

为了挖掘上述 303 kb 区域的候选基因，本研究获得了该区间内全部基因的注释信息，共获得 50 个注释基因，这些注释基因的功能如表 2.8 所示。为了探究 303 kb 区域的表达基因，本研究根据已发表的黄瓜果实成熟期 RNA-seq 数据，对候选基因在果实不同发育阶段的表达量进行了分析（图 2.12）。

果实直径的主要 QTL 区域含有 50 个基因，其中一个预测基因 *CsaV3 _ 1G002710* 被认为可能调控黄瓜果实直径大小。前人研究发现（Liu et al.，2020；Grumet et al.，2022），果实的生长从 0 DAA[①] 到 3 DAA 开始，在 3 DAA 到 12 DAA 呈指数增长，从 12 DAA 到 30 DAA 以较低的速度持续增长。通过果肉转录组分析发现，在花后 10 d，*CsaV3 _ 1G002860*、*CsaV3 _ 1G002710* 和 *CsaV3 _ 1G003120* 的表达量最高，而在第 20 d、第 30 d 和第 40 d 表达量逐渐下降。此外，本研究调取了该区间内的非同义变异信息，其中包含 12 个非同义 SNP 和 1 个 InDel 变异。经过比对分析发现，*CsaV3 _ 1G002710* 基因的外显子上存在一个非同义 SNP，位于 chr1 上的 1 711 176 bp 的外显子上，A 突变为 T，从而导致谷氨酰胺突变为精氨酸（图 2.13）。综合分析推测 *CsaV3 _ 1G002710* 可能是控制黄瓜果实直径的候选基因。但是，*CsaV3 _ 1G002710* 基因功能验证与具体调节机制还需要进一步探究。该研究结果为进一步研究黄瓜果实直径的生长机制奠定了理论基础，同时为黄瓜果实直径改良、提高黄瓜果实产量与市场经济价值提供了指导。

表 2.8　*qfd 1.1* 定位区间内的基因注释

| 基因名称 | 注释 |
| --- | --- |
| *CsaV3 _ 1G002830* | 伴侣蛋白 ClpB1 |
| *CsaV3 _ 1G002890* | DNAJ 蛋白 JJJ1 样蛋白 |
| *CsaV3 _ 1G002650* | dCTP 焦磷酸酶 1 |
| *CsaV3 _ 1G003030* | 含 FCP1 同源结构域的蛋白 |
| *CsaV3 _ 1G003130* | 蛋白 MIS12 同源物 |
| *CsaV3 _ 1G002940* | 富含甘氨酸核糖核酸结合蛋白 2 |
| *CsaV3 _ 1G002950* | 未知蛋白 |
| *CsaV3 _ 1G002770* | 植物细胞内 Ras 组相关富亮氨酸蛋白 7 |
| *CsaV3 _ 1G002920* | *O*-磷酸丝氨酸磷酸水解酶 |
| *CsaV3 _ 1G002760* | SANT 结构域蛋白 |
| *CsaV3 _ 1G003000* | LONGIFOLIA 1 样蛋白 |
| *CsaV3 _ 1G003060* | 含凯尔奇结构域的蛋白 3 样 |
| *CsaV3 _ 1G003080* | 四跨膜蛋白- 11 |

① DAA 指开花后的天数。

（续）

| 基因名称 | 注释 |
| --- | --- |
| CsaV3_1G002720 | 含 F-box 结构域的蛋白 |
| CsaV3_1G002820 | 伴侣蛋白 ClpB |
| CsaV3_1G003110 | 含 ABC 跨膜 1 型结构域的蛋白 |
| CsaV3_1G002980 | ras GTPase 激活蛋白结合蛋白 2 |
| CsaV3_1G002700 | 含 SCAPER_N 结构域的蛋白质 |
| CsaV3_1G002850 | 未知蛋白 |
| CsaV3_1G002800 | Per-mRNA 剪接因子 ATP 依赖性 RNA 解旋酶 DEAH1 |
| CsaV3_1G003120 | 半胱氨酸双加氧酶 |
| CsaV3_1G002780 | N-乙酰氨基葡萄糖磷脂酰肌醇脱乙酰酶 |
| CsaV3_1G002860 | 胞间膜胖胱糖结合蛋白 3 |
| CsaV3_1G003050 | 丝氨酸/精氨酸重复矩阵 2 |
| CsaV3_1G002960 | 抑制蛋白 SRP40 亚型 X1 |
| CsaV3_1G002660 | 未知蛋白 |
| CsaV3_1G002880 | 未知蛋白 |
| CsaV3_1G002750 | 锌指蛋白 ZAT1 样 |
| CsaV3_1G002790 | UDP-葡萄糖 6-脱氢酶家族蛋白 |
| CsaV3_1G002930 | PCM-1 蛋白 |
| CsaV3_1G002730 | SNAP25 同源蛋白 SNAP33 |
| CsaV3_1G003020 | 未知蛋白 |
| CsaV3_1G003140 | 未知蛋白 |
| CsaV3_1G002900 | 线粒体底物载体家族蛋白 |
| CsaV3_1G002840 | 类黄酮 $3'$-羟化酶 |
| CsaV3_1G002990 | 转录因子 TCP5 |
| CsaV3_1G002870 | 组蛋白去乙酰化酶 |
| CsaV3_1G002740 | 锌指蛋白 346 |
| CsaV3_1G002710 | 肝素酶样蛋白 1 |
| CsaV3_1G003070 | POR1 的伴侣样蛋白，chloroplastic |
| CsaV3_1G002910 | 呼吸暴发氧化酶 |

（续）

| 基因名称 | 注释 |
| --- | --- |
| *CsaV3 _ 1G002810* | Asterix 蛋白 |
| *CsaV3 _ 1G002690* | DNA 退火解旋酶和核酸内切酶 ZRANB3 亚型 X1 |
| *CsaV3 _ 1G002680* | 五肽重复序列蛋白 |
| *CsaV3 _ 1G003010* | 未知蛋白 |
| *CsaV3 _ 1G003090* | 磷酸丙酮酸水合酶 |
| *CsaV3 _ 1G002670* | 转录因子 UNE10 |
| *CsaV3 _ 1G002970* | 复制蛋白 A 亚基 |
| *CsaV3 _ 1G003100* | 未知蛋白 |
| *CsaV3 _ 1G003040* | 未知蛋白 |

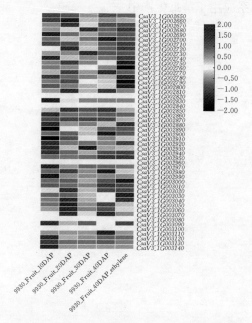

图 2.12 黄瓜不同果实发育阶段候选基因热图

注：数值指的是以 2 为底数的基因表达量的对数值。DAP 指授粉后的天数。

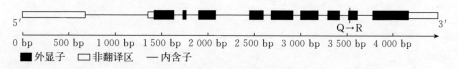

图 2.13 *CsaV3 _ 1G002710* 基因结构

#### 2.5.3.4 黄瓜果实直径改良的意义

随着人们物质生活水平的日益增长，消费者对黄瓜果实品质的要求越来越高。果实直径是黄瓜品质的重要性状，直径越大，果实可食用部分就越多，可有效提高黄瓜的经济价值。因此，黄瓜果实直径的改良逐渐成为当前黄瓜育种工作的重要目标之一。为了培育出高产优质的黄瓜新品系，本研究利用分子标记辅助育种结合快速加代技术配制杂交种，将控制果实直径粗度的位点 $qfd1.1$ 定向导入华北型黄瓜 9930，对恢复系 EU224 fd 进行了改良。结果表明，EU224 fd 果实直径显著高于亲本 9930，成功组配出仅增加果实直径而不影响其他果实性状的高产黄瓜新品种。创制果实直径粗的黄瓜新品系为黄瓜果实品质改良提供了有用的种质资源，同时为挖掘控制果实直径的优异基因奠定了理论基础。未来可通过该新品系弥补因恶劣环境等外部因素导致的减产问题，真正将改良株系应用于黄瓜生产中。

# 第三章　黄瓜下胚轴相关研究

黄瓜（*Cucumis sativus* L.）起源于喜马拉雅山南麓，染色体数量 $2n＝14$，是世界上广泛种植的重要蔬菜作物。我国各地普遍可进行黄瓜栽培，栽培面积占世界黄瓜栽培面积的 1/2 以上，产量巨大。作为我国蔬菜生产和消费的大宗品种，黄瓜种苗的需求量极大。凭借成苗率高、秧苗质量好、育苗时间短、成本低等特点，工厂化育苗已逐渐成为黄瓜生产乃至现代农业中不可或缺的关键一环。但与此同时，设施蔬菜的种苗生产经常伴随弱光、高温、高湿等逆境，造成幼苗徒长。传统调控措施（如人工补光等）大幅增加了育苗成本，而改良黄瓜种质以从根本上解决或缓解幼苗徒长则是一种新的途径。

## 3.1　下胚轴形态建成

植株高度是植物适应生态的一项核心内容，它与植物的寿命、种子质量及成熟时间密切相关（Moles et al.，2009）。下胚轴是植物幼苗时期植株高度的主要部分。研究表明，植物幼苗的下胚轴形态建成由许多不同的因素共同调控，包括环境因素、植物激素、内部基因等（Liu and Xiong，2022）。下胚轴的过度伸长会导致徒长苗的出现，徒长苗是一种质量较差的秧苗，其叶片光合能力差，根系活力低，定植后成活率低，抗逆性和抗病能力都较弱。而且，苗期徒长对其定植后的植株高度仍有后效作用，表现为植株节间过长，生长势偏弱，易落花落果，早熟性和丰产性差。影响下胚轴形态建成的因素主要如下。

（1）环境因子。短时间的弱光处理对于黄瓜植株的生长影响不明显，但随着弱光时间的延长，其对黄瓜植株的影响逐渐增大（邹士成等，2015）。李丹丹等（2009）利用六世代群体探究了弱光条件下黄瓜下胚轴长度和粗度的遗传规律，发现下胚轴长度性状遗传主要受微效多基因控制，粗度遗传则以主基因控制为主。

在红光条件下，植物中的红光受体 PHYB 在接收到光信号后可以由生理失活型 Pr 转为生理活跃型 Pfr，随后 PHYB 受体信号会从胞质向细胞核中传导，进而影响核内转录因子 PIFs 的转录，致使生长素限速相关调控基因的表达量升高，进一步提高内源 IAA 的合成以控制下胚轴伸长。

温度对于下胚轴伸长的调控机制与光照对于下胚轴的调控机制恰恰相反，植物在高温条件下可以促进 PHYB 由生理活跃型 Pfr 转向生理失活型 Pr，使 PIFs 转录因子在细胞核内的转录水平增加，进而在高温条件下调控下胚轴的伸长。张子默等（2019）的研究推测，在高温条件下，下胚轴长度主要由 2 对加性-显性-上位性主基因控制，在黄瓜下胚轴受到高温胁迫时，某一对控制长度的微效多基因响应热胁迫，对黄瓜下胚轴的遗传产生了影响，其调控作用能够上升到主基因地位。

土壤湿度过大也能引起蔬菜幼苗徒长，因此生产上多需控水以控制徒长苗的出现（毛炜光等，2007）。另有研究表明，气流速度对于幼苗的扰动也能显著改变黄瓜的幼苗形态特征，气流扰动能够抑制黄瓜幼苗徒长，增加茎粗和生物量（侯敏，2023）。

（2）内源激素。植物内源生长素是由植物体自身合成的，在植物生长发育过程中起显著调节作用的微量物质。植物生长素在植物的生物过程中发挥着重要作用，参与包括生长代谢、胁迫响应、种子萌发、器官生长、果实发育在内的重要生长过程。

生长素（IAA）是一种重要的植物激素，它参与多种生理活动，调控植物的生长发育，能促进细胞松弛、伸长加快，使细胞生长加速。IAA 能够与生长素受体 ABP1 相结合，刺激 $H^+$ 释放、$K^+$ 内流，使细胞内外产生离子浓度差，并通过渗透调节促进胞内水分吸收，导致原生质体扩张，从而促进下胚轴伸长（Dahlke et al.，2017）。相反，GH3 基因编码的酰基酰胺合成酶，可以将 IAA 与氨基酸结合，维持植物体内生长素稳态，以避免下胚轴过度生长（Guo et al.，2021）。

赤霉素（gibberellins，GAs）水平的变化能够直接地影响作物形态建成，GA 可促进下胚轴伸长所需的酶和蛋白质的表达，并可使细胞壁纤维素水解松动，有利于细胞伸长。众所周知的绿色革命基因 SD1（semi-dwarf1）编码一个生物活性赤霉素的合成酶 GA20ox2，其功能丧失使得植株显著矮化，在避免倒伏的同时获得了高产（Sakamoto et al.，2003）。

乙烯（ethylene，ET）对幼苗下胚轴生长具有双重性，其能够激活 EIN3 转录因子，诱导 PIF3 基因的转录及 MDP60 基因的表达，从而促进幼苗下胚轴伸长（Wang et al.，2019）。

油菜素内酯（BR）作为广泛分布的天然激素，同样不可或缺地参与植物生长发育和逆境胁迫响应中。BR 能够通过促进细胞壁松弛，改变细胞壁机械性及调节微管排列等方式来影响下胚轴伸长。低浓度的 BR 可以诱导细胞伸长及细胞分裂，从而参与调控幼苗在胁迫下的下胚轴伸长（Nakaya et al.，2002）。细胞分裂素（CTK）及脱落酸（ABA）等的相关研究也表明它们参与控制幼苗下胚轴生长（宋雨函、张锐，2021）。

（3）基因调控。有研究表明，外源环境和植物内源生长素可以与光敏色素互作转录因子 PIFs 和光形态建成相关因子 HY5 相互作用来调节下胚轴的伸长。在光信号传递过程中，光敏色素 A/B 能与 PIF 1、PIF 3、PIF 4、PIF 5、PIF 6、PIF 7 和 PIF 8 互作，调节下胚轴的伸长（Leivar and Quail，2011）。有研究表明，光信号可以通过调节植物体内激素网络来影响下游相关转录因子与 PIF 互作，进而调控下胚轴的伸长。例如，GA 含量受光敏色素 B 与隐花色素的调控，当 GA 含量降低时，可以促进 GA 相关转录因子与 PIF 互作，从而使下胚轴伸长（Kunihiro et al.，2011）。光敏色素 B 和 *COP1* 与 *PIF3 - LIKE1* 互作，影响下胚轴的伸长，UYR8 蛋白与转录因子 WRKY36 互作调节 *HY5* 基因转录来调节下胚轴的伸长（Yang et al.，2018）。此外，在高温条件下 PIF4 可激活生长素合成基因 *YUCCA8* 介导生长素途径诱导下胚轴的伸长（Sun et al.，2012）。在黄瓜中，*CsNABP* 基因的首次发现为长下胚轴研究提供新试材（赵子瑶，2018）。由于有关黄瓜下胚轴伸长与光信号通路和激素调节相关机制的报道较少，因此其机制还有待进一步研究。

## 3.2 弱光环境中短下胚轴基因的图位克隆

### 3.2.1 试验材料及方法

（1）供试材料。华北型黄瓜品种 9930 和西双版纳型黄瓜品种 XSBN。

（2）亲本及遗传群体表型鉴定。将 9930 和 XSBN 两个品种的黄瓜种子于同一条件下进行催芽，萌发后移入穴盘在弱光环境下生长。待弱光下生长第 0 h、第 36 h 和第 72 h 时，用卷尺测定不同品种的下胚轴长度。每个品种设定 4 个生物学重复。使用 SPSS 软件进行差异显著性分析（$P<0.05$）。

（3）调控下胚轴表型基因定位。将 9930 和 XSBN 杂交的 $F_1$ 子代进行自交后得到 $F_2$ 群体，从中选取极端表型材料构建 BSA 混池，从而进行下胚轴表型基因的 QTL 定位。通过 XSBN 重测序数据开发 SNP 标记，依托高通量分型平台开展精细定位，获得候选基因。

（4）RT‐qPCR 检测。将两个黄瓜品种 9930 和 XSBN 定植并于弱光环境下生长。分别采集弱光生长 0 h、18 h、36 h、54 h、72 h 的叶片，提取 RNA，进行 RT‑qPCR 检测。观察 *PHYB* 基因在弱光条件下不同生长时期的相对表达量。RNA 提取方法、RT‑qPCR 检测方法及引物序列参照 Liu 等（2021）。

（5）*phyb* 突变体表型对比。将 *phyb* 突变体和对照材料置于穴盘中育苗，待长出子叶后，移栽至弱光环境下生长，对比表型并测定株高进行对比（突变体材料由刘斌博士提供）。

## 3.2.2 结果与分析

PHYB 是介导红光抑制下胚轴伸长的主要红光感受器。目前，已知 bHLH 转录因子 *PIF* 基因作为 PHYB 的下游组分直接介导光信号以抑制光形态建成（Leivar and Quail，2011）。PHYB 的信号转导机制还涉及 COP1 和 SPAs 的互作（Sheerin et al.，2015）。PHYB 可以与 CRY1 互相作用，抑制生长素信号以调控生长素信号转导（Mao et al.，2020）。另有研究表明，西双版纳黄瓜 XSBN 关于 *PHYB* 基因的 SNP 位点明显少于 9930、EU224 以及不同基因型的印度黄瓜品种，且在正常光照条件下西双版纳黄瓜 XSBN 的下胚轴长度显著小于 9930 黄瓜的下胚轴（Liu et al.，2021）。因此，对比了弱光条件下 9930 和 XSBN 黄瓜的下胚轴长度，如图 3.1A 和图 3.1B 所示，随着光照时间的延长，XSBN 黄瓜的下胚轴长度显著小于 9930。随后，通过结合 BSA 分析对下胚轴表型精细定位，如图 3.1C 所示，发现参与下胚轴表型调控的区段位于黄瓜的第 3 号染色体和第 6 号染色体上。针对第 3 号染色体进行精细定位，结果如图 3.1D 所示，在 11 243 326～11 299 877 区段内发现 7 个基因，其中包括 *PHYB*（*CsaV3_3G015190*）基因。根据该区段进行 SNP 标记，并利用 IGV 可视化观察对比 XSBN 和 9930 黄瓜基因组，结果如图 3.1E 所示，发现 XSBN 黄瓜启动子中有大片段的缺失，对缺失片段进行启动子元件分析，结果发现缺失的片段中编码光调控元件。基于此，推测 XSBN 黄瓜对于光照响应没有 9930 敏感。因此，对比了 9930 和 XSBN 黄瓜在弱光条件下 *PHYB* 基因的相对表达量。结果发现，如图 3.1F 所示，随着光照时间的延长，在 9930 黄瓜中 *PHYB* 基因的表达量显著小于 XSBN 黄瓜。随后，构建了 *phyb* 缺失突变体，并观察 *phyb* 突变体和对照在弱光环境下生长后的下胚轴长度。结果如图 3.1G 和图 3.1H 所示，*phyb* 突变体的下胚轴长度显著高于对照，证明 *PHYB* 基因参与光照响应。

西双版纳黄瓜主要在云南西双版纳地区种植，在驯化的过程中，西双版纳黄瓜长期与旱稻套作，而且没有支架，即在地面攀爬（Bo et al.，2015）。在这样的环境下，西双版纳黄瓜植株容易被其他作物遮挡，也正因为如此，西双

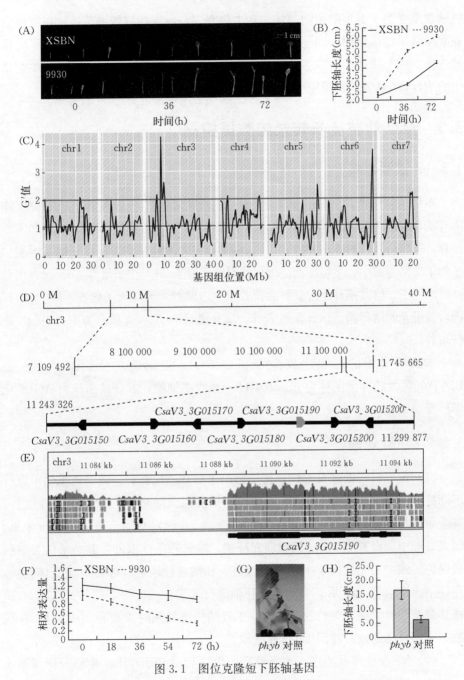

图 3.1　图位克隆短下胚轴基因

注：图 A、B 为弱光条件下的两个黄瓜品种表型对比；图 C～E 为图位克隆精细定位；图 F 为 PHYB 基因在不同黄瓜品系弱光生长条件下不同时间的相对表达量；图 G、H 为 phyb 突变体与对照在弱光生长条件下下胚轴长度对比。

版纳黄瓜受到了更多的耐阴选择。在本研究中，发现西双版纳黄瓜比东亚型或亚欧型栽培黄瓜都要耐弱光，而 *PHYB* 基因在西双版纳黄瓜中也受到了更强的选择。综上所述，西双版纳黄瓜是优良的黄瓜耐弱光资源，而西双版纳黄瓜中的 *PHYB* 基因也有望用于黄瓜耐弱光品种培育。

## 3.3 黄瓜幼苗徒长转录组数据挖掘

### 3.3.1 试验材料

本试验选用黄瓜（*Cucumis sativus* L.）自交系 9930 及超长下胚轴突变体 lh 作为供试材料。选择颗粒饱满的种子置于 55 ℃ 水浴锅中 15 min，其间不断搅拌，取出待其自然冷却并静置 4 h。将浸泡完成的种子均匀放置于铺有湿润滤纸的干净培养皿中，上覆湿润滤纸保持湿度，置于 28 ℃ 中暗培养 2 d。选择出芽一致的种子，将其播种于配制好的营养土中（椰糠：珍珠岩：蛭石＝3：1：1），随后置于光照培养箱（16 h 光照 28 ℃：8 h 黑暗 18 ℃；光照度为 10 000 lx）进行培养。

本试验使用的过表达载体为 pFGC5941，亚细胞定位载体为 pCAMBIA1300，大肠杆菌菌株为 *E. coli* DH5α 感受态细胞，农杆菌菌株为 AGL1 化学感受态细胞。

### 3.3.2 试验处理

（1）黄瓜材料处理及取样。待幼苗出土后，选择长势一致的黄瓜幼苗进行不同处理。高温处理中，设置 42 ℃/30 ℃ 模拟高温环境，除温度条件以外，其余条件与对照组保持一致。待高温处理满 5 d 时，对幼苗下胚轴进行采集。弱光处理中，设置 2 500 lx 模拟弱光环境，除光照条件以外，其余条件与对照组保持一致。弱光处理 56 h 后，对幼苗下胚轴进行采集。对于 lh 突变体材料，在幼苗出土培养 10 d 后，对幼苗下胚轴进行采集。两叶一心期的黄瓜 9930 植株移栽至塑料大棚，生长约 2 周后，于日照强度最强时采集卷须用于 RNA 提取，采集顶端幼嫩叶片用于 DNA 提取。

（2）RNA 建库及测序。琼脂糖凝胶电泳和 Agilent 2100 生物分析仪系统（Agilent Technologies）用于检验 RNA 质量。测序文库使用 NEBNext® Ultra™ Ⅱ RNA Library Prep Kit for Illumina® 产品进行制备，后于 Illumina HiSeq 平台进行测序。

### 3.3.3　数据处理

使用 Fastp V0.20.1 对原始数据的接头序列进行修剪并过滤，获得高质量（Q30）的 clean reads（Chen et al.，2018）。使用 HISAT2 V2.2.1 将黄瓜转录组测序数据与黄瓜 9930 参考基因组（http://cucurbitgenomics.org/organism/20，Chinese Long v3genome）进行比对（Kim et al.，2019）。使用 StringTie V2.2.1 对参考注释中的基因进行定量获得 TPM 表达矩阵（参数默认），TPM>0.1 的基因视为表达（Pertea et al.，2015）。使用 DESeq2 软件对不同处理下的黄瓜下胚轴测序数据进行差异表达鉴定，以 $|\log_2 FC| \geqslant 1$ 且 $p$-value<0.01 为阈值。使用 IGV 软件进行测序 reads 比对情况的可视化。使用 R 包 PCAtools 进行主成分分析（https://github.com/kevinblighe/PCAtools）。

### 3.3.4　结果与分析

（1）高温徒长幼苗的转录组分析。通过对高温处理下徒长幼苗下胚轴的转录组测序数据分析，共鉴定到 3 727 个差异表达基因，其中 1 980 个基因显著上调，1 747 个基因显著下调（图 3.2A）。进一步的，对这些差异表达基因进行功能富集以探究其作用模式。GO 富集结果表明，差异基因富集到了生物进程中的多项代谢过程中，包括小分子代谢、碳水化合物代谢、糖代谢、能量储备代谢和有机物分解代谢等（图 3.3）。KEGG 富集结果表明，高温处理下筛选出的差异表达基因显著富集参与碳水化合物、脂质、氨基酸等物质的新陈代谢（图 3.4）。

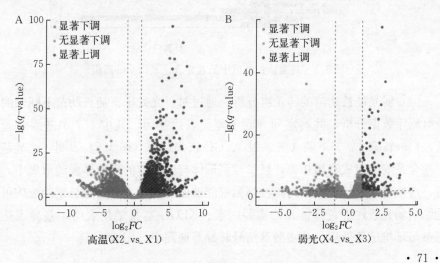

高温(X2_vs_X1)　　　　弱光(X4_vs_X3)

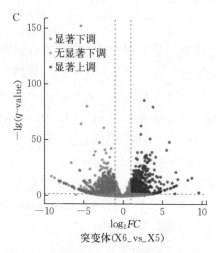

图 3.2 各组样品中的差异表达基因鉴定

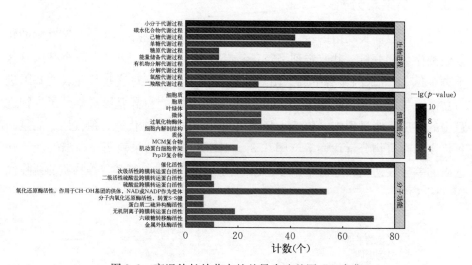

图 3.3 高温徒长幼苗中的差异表达基因 GO 富集

(2) 弱光徒长幼苗的转录组分析。通过对弱光处理下徒长幼苗下胚轴的转录组测序数据分析，共鉴定到 306 个差异表达基因，其中 157 个基因显著上调，149 个基因显著下调（图 3.2B）。GO 富集结果（图 3.5）表明，这些基因与光合系统的组成密切相关，且参与到质体与叶绿体的类囊体膜的形成中。同时，这些基因对于外源及内源性刺激都能够做出响应。对于生长素的响应可能是影响弱光条件下黄瓜徒长的重要因素。KEGG 富集结果表明，差异表达基因参与环境信息处理、植物激素信号转导等通路中（图 3.6）。

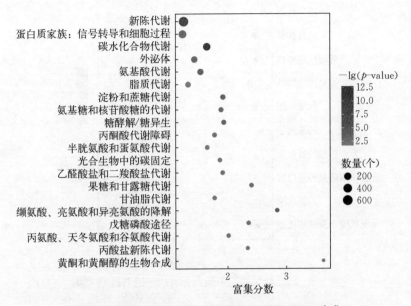

图 3.4　高温徒长幼苗中的差异表达基因 KEGG 富集

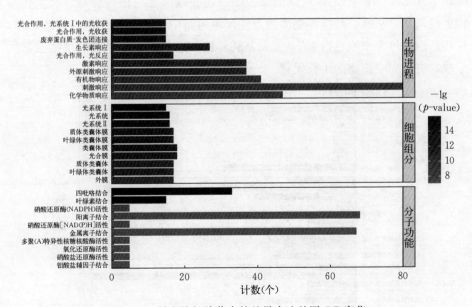

图 3.5　弱光徒长幼苗中的差异表达基因 GO 富集

（3）超长下胚轴突变体的转录组分析。通过对超长下胚轴突变体幼苗下胚轴转录组测序数据进行分析，共鉴定到 1 999 个差异表达基因，其中 1 034 个基因显著上调，965 个基因显著下调（图 3.2C）。GO 富集结果表明，突变体

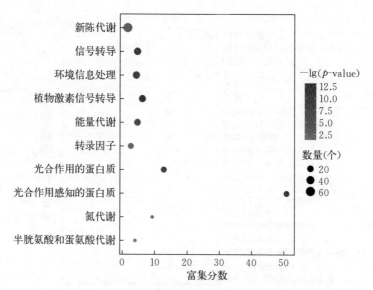

图 3.6　弱光徒长幼苗中的差异表达基因 KEGG 富集

中的差异表达基因参与影响多种葡萄糖基转移酶的活性，同时能够影响水和盐的转运（图 3.7）。KEGG 富集结果表明，这些基因参与信号转导、次生代谢物合成以及氨基酸、萜类等物质的新陈代谢通路中（图 3.8）。值得注意的是，这些基因中包含细胞色素 P450 及糖基转移酶，这些物质能够影响植物激素的形成，进而影响植物的生长发育。

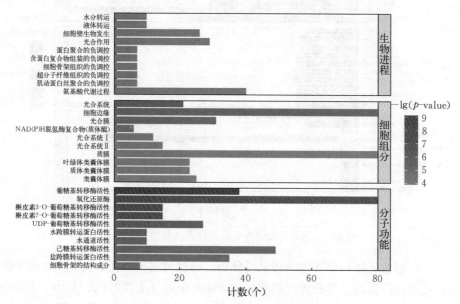

图 3.7　超长下胚轴突变体幼苗中的差异表达基因 GO 富集

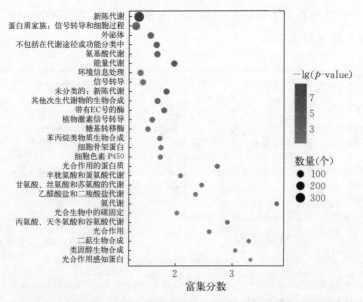

图 3.8 超长下胚轴突变体幼苗中的差异表达基因 KEGG 富集

（4）徒长转录组共差异表达基因筛选。为了确保 3 组测序数据合并使用的可行性，计算了所有测序样品间的相关性系数，并统计了它们的基因表达情况。结果表明，6 个处理组内样品相关性高，组间相关性符合试验处理预期，所有测序样品的基因表达量分布较为一致（图 3.9、彩图 5）。PCA 主成分分析的结果表明，PC1、PC2、PC3 三个主成分对于原始数据方差解释度达

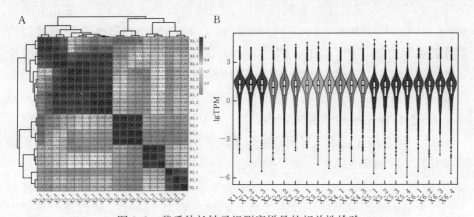

图 3.9 黄瓜徒长转录组测序样品的相关性检验

注：图 A 为所有样品的相关性系数计算。图 B 为所有样品的基因表达量分布情况。X1 与 X2 分别代表高温条件下的对照组与处理组；X3 与 X4 分别代表弱光条件下的对照组与处理组；X5 与 X6 分别代表黄瓜 9930 与超长下胚轴突变体。

85.48%，并且其在各主成分上的相对位置易于区分，各组数据中的生物重复聚类情况良好（图3.10）。

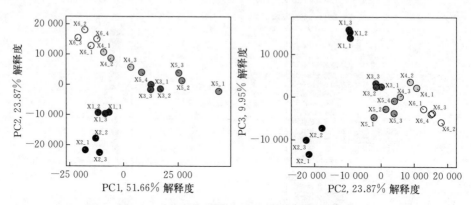

图3.10　黄瓜徒长转录组测序样品主成分分析

注：X1与X2分别代表高温条件下的对照组与处理组；X3与X4分别代表弱光条件下的对照组与处理组；X5与X6分别代表黄瓜9930与超长下胚轴突变体。

结合3组数据所鉴定到的差异表达基因，共有52个基因在3组转录组中都有明显的差异表达（图3.11A）。其中，16个基因在3种情况下都显著上调（Ⅰ类），17个基因都显著下调（Ⅱ类），另外19个基因的表达模式较为复杂（Ⅲ类）（图3.11B）。在Ⅰ类基因中，*CsaV3 _ 4G009060*、*CsaV3 _ 6G043930*、*CsaV3 _ 6G048480*、*CsaV3 _ 7G003150* 四个基因的对数表达差异都大于2（$\log_2 FC > 2$），说明其为正调控黄瓜下胚轴伸长的重要因子。在Ⅱ类基因中，*CsaV3 _ 1G011060*、*CsaV3 _ 1G022900*、*CsaV3 _ 4G033060* 三个基因的对数表达差异都小于−2（$\log_2 FC < -2$），说明其为负调控黄瓜下胚轴伸长的重要因子。其中，*CsaV3 _ 1G011060* 基因编码一个赤霉素2-氧化酶，该类酶已被证明在作物的株型建成方面发挥重要作用（Liu et al.，2021；Busov et al.，2003）。在先前的研究中，*CsaV3 _ 1G011060* 基因编码酶被命名为 *Cs-GA2ox8*，该基因在正常（对照）生长条件下常规表达，而在高温、弱光条件以及超长下胚轴突变体中则几乎不表达（图3.11C）。

（5）黄瓜下胚轴伸长的光通路与温度通路初探。黄瓜超长下胚轴突变体材料是一个依赖光的单基因隐性突变体，光敏色素B（phyB）缺失进而能够引起黄瓜下胚轴的过度伸长。研究表明，phyB是光温二受体，能够同时响应光照和温度的变化（Jung et al.，2016）。因此，将超长下胚轴突变体材料（phyB缺失）的转录组与高温及弱光处理下的转录组结合，可以初步探究黄瓜下胚轴徒长的温度和光调控通路。

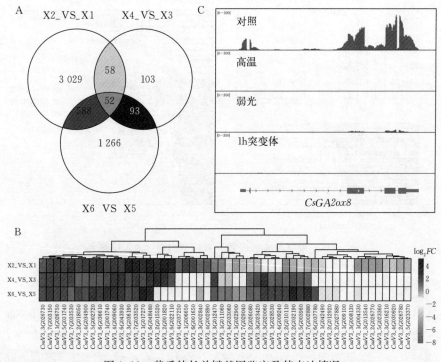

图 3.11　黄瓜徒长关键基因鉴定及其表达情况

注：图 A 为 3 组差异表达基因韦恩图。X1 与 X2 代表高温条件下的对照组与处理组；X3 与 X4 代表弱光条件下的对照组与处理组；X5 与 X6 分别代表黄瓜 9930 与超长下胚轴突变体。图 B 为共差异表达基因表达情况热图。图 C 为 *CsGA2ox 8* 基因在各处理中的测序数据比对情况。

　　将突变体材料中筛选到的差异表达基因与高温处理下的差异表达基因相结合，共筛选到 588 个差异表达基因（图 3.11A）。其中，72 个基因在两组中都显著上调（Ⅰ类），172 个基因在高温处理后上调而在突变体中下调（Ⅱ类），214 个基因在突变体中上调而在高温处理后下调（Ⅲ类），130 个基因在两组中都显著下调（Ⅳ类）（图 3.12A）。Ⅱ类和Ⅲ类基因在两组中相反的表达模式表明该部分基因可能并不参与黄瓜下胚轴的温度调控通路中，而Ⅰ类和Ⅳ类基因则可能是调控高温胁迫下黄瓜下胚轴伸长的关键基因。Ⅰ类和Ⅳ类的 202 个基因 GO 注释和富集结果表明，这些基因显著富集到葡萄糖基转移酶相关的分子功能中，并且能够响应生长素等激素刺激（图 3.12C）。

　　将突变体材料中筛选到的差异表达基因与弱光处理下的差异表达基因相结合，共筛选到 93 个差异表达基因（图 3.11A）。其中，49 个基因在两组中都显著上调（Ⅰ类），6 个基因在弱光处理后上调而在突变体中下调（Ⅱ类），13

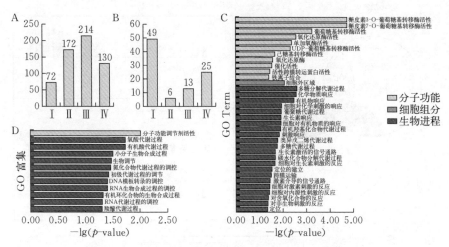

图 3.12　温度及光通路差异表达基因筛选及 GO 富集

注：图 A 为温度调控通路差异表达基因分类情况。图 B 为光调控通路差异表达基因分类情况。图 C 为温度调控通路差异表达基因 GO 富集结果。图 D 为光调控通路差异表达基因 GO 富集结果。

个基因在突变体中上调而在弱光处理后下调（Ⅲ类），25 个基因在两组中都显著下调（Ⅳ类）（图 3.12B）。同样的，将Ⅰ类和Ⅳ类中的 74 个基因进行了 GO 注释并富集。结果表明，这些基因参与氮化合物及有机酸的代谢，同时能够调节 DNA 和 RNA 的转录合成（图 3.12D）。

### 3.3.5　讨论

通过对 3 种条件下黄瓜徒长幼苗的下胚轴进行转录组测序，鉴定出了 3 种条件下具有显著差异表达的基因集。通过数据分析，得到了在多种条件下的 4 个正调控和 3 个负调控黄瓜下胚轴伸长的基因。在正调控基因中，*CsaV3_6G043930* 编码一个过氧化物酶，对于维持生物体的正常生理功能具有重要作用。*CsaV3_7G003150* 编码 FLA 蛋白（fasciclin - like arabinogalactan - protein），FLAs 是 AGPs（arabinogalactan protein）的一个亚类，参与植物的生长发育和细胞壁的合成（Zhang et al.，2023）。已有的研究表明，FLA 对于拟南芥的茎发育是必需的，同时其在杨树中能够调节赤霉素介导的木材形成（Liu et al.，2020）。这说明该基因在植物高度建成中发挥着重要的作用。另外的两个基因，*CsaV3_6G048480* 为编码纤维鞘 CABYR 结合蛋白（fibrous sheath CABYR - binding protein - like），*CsaV3_4G009060* 的功能尚未明确，它们在植物中的研究还未见报道，其调控作用及功能通路尚待挖掘。

在负调控基因中，*CsaV3_1G022900* 编码植物海藻糖 - 6 - 磷酸合成酶

（TPS，trehalose 6 - phosphate phosphatase），该基因是植物响应非生物胁迫生理调控网络中的重要组成部分（杜姣林等，2023），能够参与干旱（Yeo et al.，2000）、盐害（Li et al.，2011）、高温（Mollavali and Börnke，2022）、低温（Liu et al.，2019）等逆境下植物生长发育的调节。$CsaV3\_4G033060$ 编码叶酸-谷氨酰水解酶（folate gamma - glutamyl hydrolase），该酶是一种参与叶酸和抗叶酸代谢的溶酶体酶，其在植物的氮代谢、碳水化合物代谢等过程中具有不可替代的作用（Li et al.，2021）。因此，鉴于 GA 对于植物生长发育的作用模式，选择了最后一个编码 GA2ox 的 $CsaV3\_1G011060$ 基因作为后续主要研究的基因，该酶类已在多种植物中证明能够影响作物的高度（Sakamoto et al.，2003；Radi et al.，2006）。

鉴于 *PHYB* 基因能够同时响应光和温度的特点，将之与光温逆境下的转录组相组合，初步探究了调控黄瓜下胚轴伸长的光通路与温度通路。在光通路中，筛选出的基因主要参与 DNA、RNA 的调节以及小分子物质的合成代谢中，这说明光照的变化主要是通过影响作物内部因素间的相互作用来调控作物的生长发育。而温度调控通路中的差异表达基因表现出多种糖基转移酶的活性，已有的研究表明，糖基转移酶可以催化 IAA、GA 等激素的偶联作用，引起作物体内激素水平的变化，进而影响植株的生长发育（Schliemann，1994；Senns et al.，1998；Kleczkowski et al.，1995）。这种偶联作用可能是高温条件下黄瓜调节下胚轴伸长的关键反应。

## 3.4 徒长关键基因 *GA2ox* 基因家族鉴定

### 3.4.1 赤霉素 2-氧化酶简介

GA2ox 是 2-氧戊二酸依赖双加氧酶的一个成员，属于赤霉素氧化酶家族。赤霉素氧化酶主要有 3 个亚家族：GA2ox、GA3ox 和 GA20ox。GA2ox 催化的 C - 2 羟基化使生物活性 GAs 失活或使其直接前体无法转化为生物活性 GAs。而 GA20ox 负责在 $C_{19}$ - GA 骨架形成过程中去除 C - 20，随后进一步由 GA3ox 催化生成 C - 3 上的羟基（—OH），这是赤霉素发挥促生长活性所必需的（Magome et al.，2013；Sun et al.，2018）。另外一种酶 GA13ox 能够将生物活性 GA 的合成分为两种平行途径，即非 13 -羟基化和早期 13 -羟基化。这些反应为生物活性 $C_{19}$ - GAs 的生成创造了先决条件（图 3.13）。

Lee 和 Zeevaart（2005）利用序列比对和系统发育分析的方法将赤霉素氧化酶家族划分为 3 个不同的分支（图 3.13A）。这一分类在玉米的系统发育分

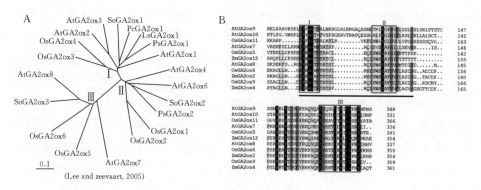

图 3.13　GA2ox 的分类及序列差异

析中得到证实（Li et al.，2021）。其中，Ⅰ类和Ⅱ类能分解 $C_{19}$ - GAs，Ⅲ类分解 $C_{20}$ - GAs。Serrani 等（2007）提出的假说推测Ⅰ类和Ⅱ类的功能差异可能在于它们的生化功能。他们假设 $C_{19}$ - GA2ox Ⅰ具有多催化活性，而 $C_{19}$ - GA2ox Ⅱ具有单催化活性，但这种多催化活性尚未得到证实。

同时，Lee 和 Zeevaart（2005）报道 $C_{20}$ - GA2oxs 含有 $C_{19}$ - GA2oxs 所没有的 3 个独特的保守区域。Lo 等（2008）首次在水稻中报道了对这些基序功能的深入研究。缺失Ⅲ区域的 *Ubi：OsGA2ox5* -Ⅲ△ 或 *Ubi：OsGA2ox6* -Ⅲ△ 的转基因植株表现出与对照相同的正常表型。与正常表达 *OsGA2ox5* 或 *OsGA2ox6* 的植株相比，其株高、穗数和种子萌发都正常（Lo et al.，2008）。这表明Ⅲ区域对 $C_{20}$ - GA2oxs 的活性和功能至关重要。关于另外两个基序的功能，Schomburg 等（2003）提出了 *AtGA2ox7* 和 *AtGA2ox8* 独特的氨基酸序列（*AtGA2ox8* 的 115～143 位；图 3.13B）可能决定了它们反应的特异性。这些序列可能参与底物的结合（Lee and Zeevaart，2005；Sakamoto et al.，2004）。Lo 等（2017）利用水稻 *OsGA2ox6* 点突变进行了进一步的研究：Y123A（Ⅰ区）和 H143A（Ⅱ区）氨基酸残基突变几乎完全消除了 *OsGA2ox6* 对株高的影响；其他突变（E140A、A141E、G343A、D338A 和 V339A）分别不同程度地恢复了株高。有趣的是，与 *GA2ox6* - WT 相比，W138A 和 T341A 突变导致了更严重的表型。

最近的一项研究报道了拟南芥中Ⅲ类 GA2ox 的两个新成员（Lange et al.，2020）。除了经典的 2β -羟基化 $C_{20}$ - GAs 外，*AtGA2ox9* 还催化 $GA_9$ 和 $GA_4$ 生成 2α -羟基化产物 $GA_{40}$ 和 $GA_{47}$（$C_{19}$ - GAs）。此外，*AtGA2ox9* 和 *AtGA2ox10* 可以催化 C - 20 的氧化。这两个基因在 Schomburg 等报道的氨基酸区插入了 10 个氨基酸（图 3.13B），这种插入可能改变了它们所编码酶的特性，导致了这种额外功能的出现。

## 3.4.2 试验方法

（1）基因家族成员鉴定。从葫芦科作物基因组数据库（CuGenDB，http://cucurbitgenomics.org/）获取黄瓜（Chinese Long）v3、西瓜（97103）v2、甜瓜（DHL92）v3.6.1、南瓜（Rimu）和葫芦（USVL1 VR-Ls）的基因组和蛋白质序列。从拟南芥信息资源数据库（TAIR，https://www.arabidopsis.org/）中获取先前已注释的 18 个拟南芥 GAoxs 的蛋白序列，然后使用 BlastP V2.9.0（E value 阈值为 $1e^{-10}$）检索 5 个葫芦科作物基因组中潜在的 GAoxs 蛋白序列（Camacho，et al.，2009）。隐马尔可夫模型（HMM）文件 2OG-FeII_Oxy（PF03171）和 DIOX_N（PF14226）从 Pfam 数据库（https://pfam.xfam.org/search/sequence）下载。利用 HMMER V3.3.2 中的 hmmsearch 程序从 5 种葫芦科作物中检索含有 2OG-FeII_Oxy 和 DIOX_N 两个结构域的蛋白（阈值为 0.001）（Eddy，2011）。

将两种方法得到的基因列表合并，根据先前基因组数据库中的注释进行筛选。之后，蛋白序列提交至 InterProScan（https://www.ebi.ac.uk/interpro/search/sequence/）和 SMART（https://smart.embl.de/）进一步鉴定保守结构域。所有 GAoxs 的染色体位置、CDS 长度和蛋白长度均基于前面提到的 CuGenDB 而得出。分子量和理论等电点（pI）由 ExPASy（https://web.expasy.org/compute_pi/）获得，蛋白的亚细胞定位预测结果由 Plant-mPLoc（http://www.csbio.sjtu.edu.cn/bioinf/plant-multi/）获得。

（2）系统发育树及基因结构分析。使用 MEGA11 软件中的 MUSCLE 程序对所有蛋白序列进行比对，后使用邻接法（Neighbor-joining，NJ）构建系统发育树，并借助 iTOL（https://itol.embl.de/）在线程序可视化系统发育树。利用 MEME（https://meme-suite.org/meme/）在所有蛋白序列中查找保守基序（motif），然后使用 TBtools 进行可视化（Chen et al.，2020）。使用 GSDS v2.0（https://gsds.gao-lab.org/Gsds_help.php）在线程序展示 GAoxs 的基本结构信息。

（3）GO 富集及启动子元件分析。利用 TBtools 对所鉴定出的基因进行 GO 功能富集（Chen，et al.，2020）。3 种富集策略都在此保留，包括分子功能（molecular function，MF）、生物进程（biological process，BP）和细胞组分（cellular component，CC）。所有基因上游 2 000 bp 长度的基因序列作为基因的启动子序列，提交至 PlantCARE（https://bioinformatics.psb.ugent.be/webtools/plantcare/htmL/）以获取顺式作用元件信息。

（4）基因组复制事件及共线性分析。MCScanX 软件用于黄瓜与其余葫芦科作物间的共线性分析（Wang et al.，2012）。DupGen_finder 软件（参数默认）用于基因组基因复制事件的分类鉴定（Qiao et al.，2019）。

### 3.4.3 结果与分析

（1）赤霉素氧化酶基因家族鉴定。为了更加全面地掌握赤霉素氧化酶（GAoxs）在黄瓜中所发挥的作用，连同研究较为广泛的另外 4 种葫芦科作物共同进行了基因家族鉴定，包括甜瓜（*Cucumis melo* L.）、西瓜（*Citrullus lanatus*）、南瓜（*Cucurbita maxima*）和葫芦（*Lagenaria siceraria*）。通过将 BLASTP 和 HMMER 的结果合并，共计鉴定得到 121 个赤霉素氧化酶基因。在赤霉素氧化酶主要的 3 个亚家族中，*GA2ox* 基因的数量大约只有其他两个亚家族的 1/2，这种差异可能是由它们执行的功能和它们作用的位点数量造成的（图 3.14）。其中，105 个基因（86.8%）的蛋白长度在 300～400 氨基酸（aa），最短的蛋白为甜瓜中的 CmeGA2ox10（91aa），最长的蛋白为南瓜中的 CmaGA20ox9（588 aa）。这些蛋白质的预测等电点在 4.83～9.76。在亚细胞定位预测上，所有 GAoxs 都定位于细胞质中，但有两个特殊情况（CmeGA2ox1 和 LsiGA2ox5）有可能同时在细胞质和细胞核中发挥作用。随后，将所鉴定出的 GAoxs 与已有研究中的 18 个拟南芥中的 GAoxs 进行了多序列比对并构建了系统发育树。结果表明，所有 GAoxs 被分为了 4 个亚组（图 3.15、彩图 6），与前人的研究保持一致。通过 Pfam 数据库检索保守结构域，107 个基因中同时存在 2OG-FeⅡ_Oxy（PF03171）和 DIOX_N（PF14226）两个结构域，8 个基因单独含有 2OG-FeⅡ_Oxy，6 个基因单独含有 DIOX_N。

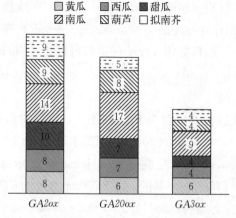

图 3.14　拟南芥及 5 种葫芦科作物中赤霉素氧化酶基因分布情况

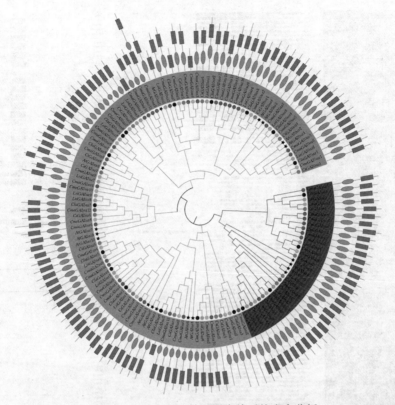

图 3.15　赤霉素氧化酶基因家族系统发育分析

注：系统进化树内部的 4 种颜色代表 4 个不同的亚家族，青色为 $C_{19}$-GA2ox，绿色为 $C_{20}$-GA2ox，红色为 GA3ox，蓝色为 GA20ox。黑色星形和枝条末端的 5 个彩色圆圈用以区分拟南芥和 5 种葫芦科植物。外围橙色矩形和灰色椭圆为蛋白序列的结构域，分别代表 2OG-Fe II_Oxy 和 DIOX_N（见彩图 6）。

（2）基因结构及保守基序分析。基因功能的差异通常是由序列结构的变化引起的，基因结构表明，大多数 GAoxs 由 2～3 个外显子组成，只有少数 GAoxs 保留了 UTR 区域。部分基因包含很长的内含子，特别是 *CmeGA2ox8* 和 *CmeGA2ox9*。这可能是由于基因组注释工作不完整造成的，需要进一步的研究来证实。通过 MEME 在线工具，从 139 个 GAoxs 的蛋白序列中检索到 20 个 motif（图 3.16、彩图 7）。在预测结果中，motif 1、motif 2、motif 3、motif 4、motif 5、motif 6、motif 9、motif 11 和 motif 13 几乎存在于所有列出的蛋白序列中，motif 2、motif 3、motif 4、motif 5、motif 9 属于 2OG-Fe II_Oxy 结构域，motif 1、motif 11、motif 13 属于 DIOX_N 结构域，这些 motif 可能是 GAoxs 发挥功能所必需的序列。Motif 1 的缺失导致了 DIOX_N 结构域缺失，但

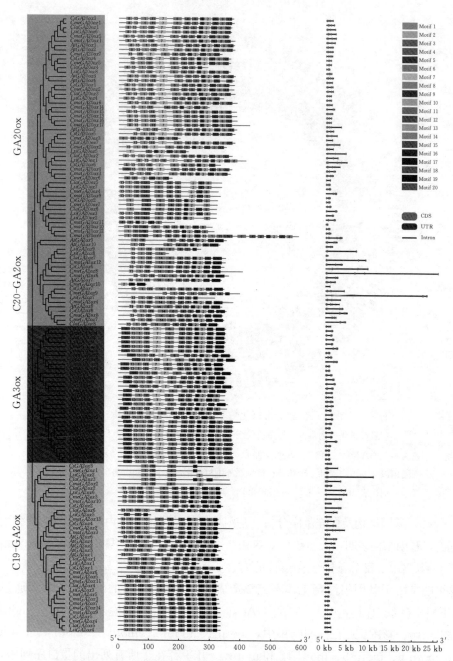

图 3.16　赤霉素氧化酶基因家族不同亚群的保守蛋白基序和基因结构

CmaGA20ox7 与其他 GA20oxs 仍具有较高的同源性。相反，每个亚组都有一些其特有的 motif。例如，motif 12、motif 18 只存在于 GA20oxs 中，motif

15、motif 17、motif 20 只存在于 GA3ox 中。同样，motif 10、motif 19 为 $C_{19}$-GA2ox 所独有，motif 14、motif 16 为 $C_{20}$-GA2ox 所独有。这些独特的差异可能是它们发挥独特功能的关键所在。此外，还有一些细微的差别值得注意：motif 8 不仅存在于大多数 GAoxs 的 C 端，也存在于一些 GA20ox 的 N 端。这可能是由进化过程中发生的小规模复制事件造成的。相比之下，CmaGA20ox9 作为最长的蛋白，在进化过程中经历了大规模的复制事件，它几乎复制了整个基因。

（3）GO 富集分析。基于 GO 数据库，对鉴定出的 GAoxs 进行了功能注释和富集（图 3.17）。121 个 GAoxs 被显著富集至 71 个功能组中（$P<0.05$）。在 3 个主要分类层面中，只有 7 个基因参与膜的组成，这表明 GAoxs 几乎不在细胞组分（cellular component）中发挥作用。78 个基因在生物进程（biological process）中富集，它们参与了 56 个不同的过程，包括萜类和脂类的生物合成和代谢、对非生物应激的反应、器官发育等。另外，所有基因都富集到分子功能（molecular function）中，尽管它们各自的功能可能略有不同。这些结果表明，GAoxs 家族主要通过分子调控影响植物的生物学过程。

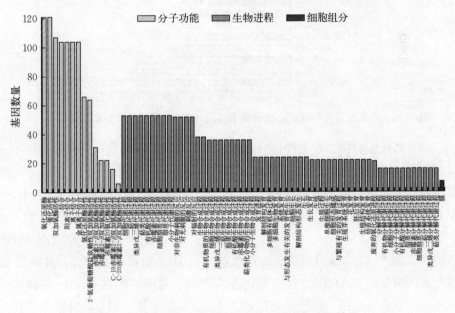

图 3.17　赤霉素氧化酶基因家族 GO 富集分析结果

（4）启动子分析。对这些 GAoxs 基因上游 2 000 bp 启动子区域进行分析，在许多基因的启动子中检测到涉及脱落酸（ABRE）、赤霉素（P-box、TATC-box）和生长素（TGA-element、AuxRR-core）的应答元件，表明

GAoxs 家族的基因参与植物激素的调控和对环境胁迫的响应（图 3.18）。在胁迫响应方面，几乎所有基因都出现了光响应相关的元件（GT1 - motif、G - box、MRE、ACE）。超过 80%（97/121）的 GAoxs 含有厌氧诱导必需的顺式调控元件（ARE），半数以上的启动子都含有防御和胁迫响应相关的成分，表明该元件与 GAoxs 具有密切的调控关系。在 37 个基因中检测到参与干旱诱导的 MYB 结合位点（MBS），32 个基因中检测到低温响应元件（LTR）。此外，还检测到蛋白代谢调控（O2 - site）、昼夜节律控制（circadian）、分生组织（CAT - box）和胚乳（GCN4 _ motif）等响应元件。

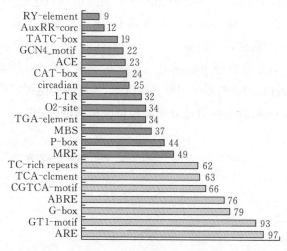

图 3.18　赤霉素氧化酶基因家族启动子区域（2 kb）顺式元件分布（单位：个）

（5）共线性分析。经共线性分析，在黄瓜与其余 4 种葫芦科作物共检测出 67 个同源基因对（图 3.19、彩图 8）。对于黄瓜中鉴定到的 20 个 GAoxs，甜瓜、葫芦、西瓜和南瓜分别有 14 个、15 个、16 个和 22 个同源基因。其中，6 个 GAoxs 在西瓜中有 2 个同源基因。这证实了这些物种之间的密切关系。基于 MCScanX 和 DupGen _ finder，共发现了 99 个基因重复事件（图 3.20、彩图 9），其中 47 个基因对属于转置重复（TRD），所占比例最大。其次是 35 对全基因组复制（WGD）。这两类共占 82.8%，说明它们在 GAoxs 家族的扩张中发挥了重要作用。此外，还发现了 16 对串联重复（TD），但未检测到分散重复（DSD）事件。近端重复（PD）事件仅在甜瓜中检测到一例。

（6）表达情况分析。为了探究 GAoxs 在植物生长发育中的作用，利用已发表 RNA - seq 数据绘制了不同条件下黄瓜和甜瓜中 GAoxs 基因家族的 FPKM 表达谱。首先，利用包含比较全面的黄瓜组织的数据集研究了黄瓜中

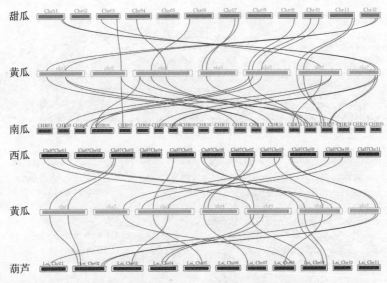

图 3.19　黄瓜与其他 4 种瓜类作物中赤霉素氧化酶基因家族的共线性关系

GAoxs 的时空表达模式（图 3.21A、彩图 10）。*CsGA20ox2* 基因在 23 个样本中均呈高表达，*CsGA2ox7* 基因保持相对低且稳定的表达水平，而 *CsGA3ox4*、*CsGA3ox5* 和 *CsGA3ox6* 基因几乎未检测到表达。也有一些组织特异性表达的例子，如 *CsGA20ox1* 基因在果肉中特异性表达，*CsGA20ox5* 基因在卷须中特异性表达。控制徒长的 *CsGA2ox8* 基因在茎、叶柄、卷须中都检测到高表达。

　　此外，低温胁迫下黄瓜和甜瓜中 GAoxs 的表达数据表明，随着寒冷的持续，*CmeGA2ox5* 和 *CmeGA2ox6* 基因的表达量显著上调，且 *CmeGA2ox6* 基因的表达量远高于 *CmeGA2ox5*（图 3.21B）。黄瓜低温处理后，*CsGA2ox1* 基因的表达量显著增加，嫁接到南瓜上的黄瓜也表现出同样的趋势（图 3.21C）。进一步发现，在 6 ℃处理 24 h 后，*CsGA2ox1* 基因在耐寒型黄瓜植株中的表达量远高于冷害敏感型的黄瓜植株。*CmeGA2ox6* 基因在耐寒型 VED 和冷害敏感型 X207 中的表达趋势相同（图 3.21B）。这些结果表明，*GA2ox* 基因家族的部分成员在低温胁迫响应中发挥了重要作用。

　　赤霉素能促进细胞伸长和分裂，使果实膨大。果实发育是瓜类作物的最重要的部分，直接影响其经济效益。在不同甜瓜材料的果实中，赤霉素氧化酶家族的基因表现出多样的表达模式（图 3.21D）。*CmeGA2ox3*、*CmeGA2ox4* 基因在 VED、CEZ、low beta 三种材料的果实发育后期（40 d）表达量显著上调，然而，在 PI 和 PS 两种材料中的表达模式则与此不同。与之相反，

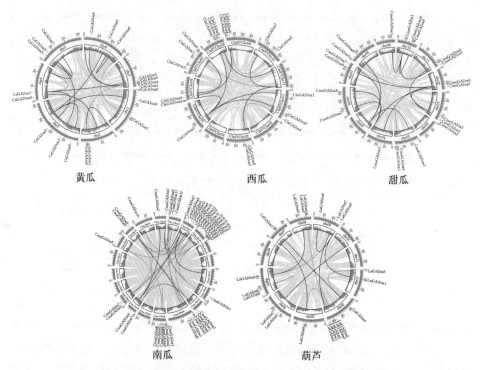

黄瓜　　　　　　　　　　西瓜　　　　　　　　　　甜瓜

南瓜　　　　　　　　　　葫芦

图 3.20　5 种瓜类作物中赤霉素氧化酶的基因复制事件

注：内圈中的条形图表示染色体上的基因密度。内部的线条代表基因复制事件，不同的颜色代表不同的类型。粉色、绿色、青色和紫色分别代表 WGD、TD、PD 和 TRD（见彩图 9）。

$CmeGA2ox1$ 与 $CmeGA2ox6$ 基因在 CEZ、low beta 两种材料授粉后 40 d 的果实中表达量下降。这些结果说明，不同的 $GA2ox$ 基因在果实发育中的调节作用及作用机制大不相同，需要更加细致的研究阐明其调控通路。

在 $GA_3$ 处理后的短时间内（12 h），$CsGA2ox1$、$CsGA2ox5$ 和 $CsGA2ox8$ 基因被显著上调以代谢黄瓜体内多余的 GA（图 3.21E）。相反，$CsGA3ox3$、$CsGA20ox3$ 和 $CsGA20ox6$ 基因的表达量显著上调。进一步地，$CsGA2ox5$ 和 $CsGA2ox8$ 基因的表达随着处理时间的推移逐渐恢复到正常水平，而 $CsGA2ox1$ 基因的表达则保持在高水平。这种表达模式与它们的功能一致，但这些结果表明，它们响应外源性 GA 刺激的作用时间节点是不同的。

### 3.4.4　讨论

已有的研究表明，$GA2ox$ 基因在作物应对非生物胁迫中能够发挥重要作用，并能够在几乎所有组织中调节作物发育。在拟南芥、水稻等物种已对该基

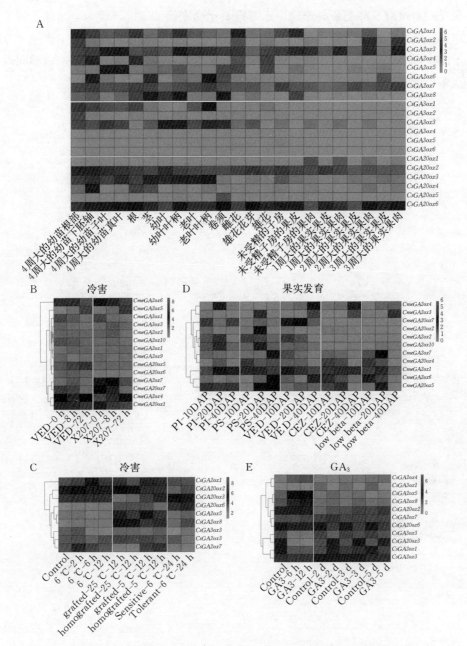

图 3.21　赤霉素氧化酶基因家族在黄瓜和甜瓜中的表达模式

因进行了较为详尽的研究，包括过表达、基因沉默、基因敲除等（Martinez-
Bello et al.，2015；Wang et al.，2021；Singh et al.，2010）。然而，该基因

在黄瓜乃至葫芦科作物中的研究还少见报道，对于其功能的深入见解也还有待探究。通过对 5 种葫芦科作物中赤霉素氧化酶家族的鉴定，较为全面地了解了赤霉素氧化酶在葫芦科作物中的分布情况，这些赤霉素氧化酶基因主要通过分子调控影响作物的多种代谢进程。该家族成员基因的表达模式多样，能够同时在多个组织中发挥作用。

# 第四章  黄瓜蜡质相关研究

大约 4.5 亿年前，第一个水生植物正是由于进化生成了角质层，从而适应陆地环境转变为陆生植物（Rensing et al.，2008；Samuels et al.，2008）。角质层由不溶性脂肪酸聚酯角质（Pollard et al.，2008）和可溶性蜡质的混合构成（Baker，1982）。其中，蜡质和角质都是由表皮细胞合成并分泌覆盖在植物地上器官表面的一层亲脂性混合物。植物蜡质的起源是植物在长期的进化过程中对环境适应的结果，是植物为了生存和繁衍所发展出的一种重要的生理和生态特征。

## 4.1  植物蜡质概况

### 4.1.1  蜡质的作用

#### 4.1.1.1  防止非气孔水分散失

植物蜡质形成的表面覆盖物可以有效防止水分的蒸发和渗透，帮助植物在干旱或多雨的环境中保持水分平衡（Sieber et al.，2000；郭彦军等，2011）。郭彦军等（2011）对苜蓿进行了干旱胁迫处理，结果表明，抗旱性强的植株叶片表面的蜡质含量明显高于抗旱性弱的植株，说明叶片表皮蜡质与水分散失有关（Vogg et al.，2004）。在番茄中，蜡质特别是角质内蜡质可以减少番茄的蒸腾（Dou et al.，2004）。

#### 4.1.1.2  抵御温度胁迫

低温不仅能使植物的膜构造发生变化、膜脂产生相变，还能造成植物内部系统代谢紊乱等伤害。而高温会使植物有毒物质不断积累、蛋白质发生变性、脂类物质液化等生理变化。目前，关于蜡质与温度关系的研究在水果中的报道比较多。在低温胁迫下，有蜡质的柑橘比没蜡质的柑橘受害程度低很多，并且保存时间延长。前人选取了 4 个葡萄品种，3 个品种是有蜡质覆盖的，1 个品种是没有蜡质覆盖的，对 4 个品种均进行了冷害胁迫。结果表明，3 个有蜡质品种的抗性均高于无蜡质品种（Hwang et al.，2004）。前人研究表明，高粱的保存温度由 73 ℃变为 83 ℃时，蜡质成分中的醇类物质和烷烃类物质含量均有不同程度的提高（Francisco et al.，2001）。在高温胁迫下，不同蜡质含量的豌豆品种中，蜡质含量高的品种的叶冠温度显著低于蜡质含量低的品种（Satoshi et al.，2008）。综上所述，蜡质具有抵御温度胁迫的作用。

### 4.1.1.3 抵御过度紫外线辐射

植物蜡质中的成分具有一定的紫外线吸收能力，可以保护植物叶片免受紫外线辐射的损伤。紫外线（UV）辐射分为 UV-A（315～400 nm）、UV-B（280～315 nm）和 UV-C（100～280 nm）三部分。其中，UV-B 辐射对植物叶表面具有较强的伤害作用。Fukuda 等研究表明，黄瓜子叶在 UV-B 辐射下会使烷烃和伯醇片段结合成长链（Kinnunen et al.，2001）。Kinnunen 等（2001）对松树的研究表明，UV-B 辐射量越大，蜡质增加量越多。表皮蜡质可以反射掉一部分紫外线，蜡质的增加能够减少辐射损害（Jenks et al.，2010）。

### 4.1.1.4 抵御病害

蜡质防止真菌及细菌感染（Reicosky and Hanover，1978；Jenks et al.，1994；Kunst and Samuels，2003），减少灰尘及病菌附着以及抵御虫害（Eigenbrode and Espelie，1995；Eigenbrode et al.，2000），植物蜡质的存在可以减少病原微生物和害虫对植物的侵害，提高植物对外界环境的适应能力。植物表面的蜡质层有助于其防止各种生物侵害与非生物侵害，包括昆虫及真菌病害的入侵等方面。表皮蜡质的构造在植物叶片对光的反射颜色上有着十分重要的影响，绿色植物往往反射黄绿色的光，而对于食草性昆虫而言，主要喜欢侵食黄绿色的植物。前人对桉树叶片的研究表明，具有完整蜡质覆盖的颜色为灰绿色的新叶片在光的反射下呈现蓝绿色，而蓝绿色对昆虫发现外界视觉信息有着一定的干扰，所以新叶对昆虫的抗性较强，但是老叶片表皮蜡质比新叶少，反射光也就不会呈现出蓝绿色，对昆虫的抗性也减弱（Eigenbrode et al.，1995）。蜡质晶体还可以使各种虫卵的附着能力降低，从而影响昆虫幼虫的摄食，进而能够起到保护植物的作用。

除表层的构造之外，其化学组成对植食性昆虫在选择哪种植物作为其寄主植物也是有重大影响的。有研究表明，碳链长度为 C8～C13 的脂肪酸可以有效避免有翅型桃蚜在寄主植物上的附着（Woodhead et al.，1983），高粱表皮蜡质中碳链长为 C19、C21 及 C23 的烷烃和酯类均可抑制蝗虫对高粱的取食（Carver et al.，1999）。

此外，植物表层蜡质还可以抑制细菌的生长，从而增加植物的抗性。Carver 等研究发现，如果除掉植物表面的蜡质，分生孢子便能够在 15 min 内侵染植物（Isaacson et al.，2009）。对番茄表皮蜡质的研究表明，当番茄表皮的蜡质含量减少时，番茄的抗菌能力与正常植株相比有明显的降低（Thoenes et al.，2004）。

## 4.1.2　蜡质的成分组成

根据蜡质是否嵌入角质，分为角质外蜡质（沉积在聚合物的外表面上）和角质内蜡质（镶嵌于角质矩阵中），是由碳链长大于 C20 的超长链脂肪族的酯类、三萜类以及次生代谢物（如醇类和黄酮类）组成（Kunst and Samuels，2009）。蜡质成分可分为长链化合物和环状化合物。其中，长链化合物多为超长链脂肪酸（VLCFA）的衍生物，包括醇、烷、酯、醛、酮等。在长链化合物中，烷类的含量通常占据主导地位。而环状化合物包含芳香族化合物和脂环族化合物（Gülz et al.，1992）。其中，三萜类化合物在环状化合物中的占比最大。这些物质的链长一般在 C20～C36，其中，C24～C34 占主导位置（Buschhaus and Jetter，2011；Kunst and Samuels，2003）。然而，蜡质的组成成分在不同物种之间是存在差异的，即使是在同一物种中的不同器官之间，蜡质组成也有所不同（Post‐Beittenmiller，1996；Kunst and Samuels，2009）。表皮蜡质的形态学表型是多种多样的。不同的表型结构是由于表皮蜡质不同的化学性质、组成以及分布造成的。

## 4.1.3　蜡质的合成

目前，关于拟南芥蜡质合成途径的研究比较全面，分为 3 个不同进程：①在质体中合成 C16 和 C18 脂肪酸并转移到内质网上，作为参与超长链脂肪酸合成的底物；②在内质网中，C16 和 C18 脂肪酸延长为超长链脂肪酸，其中大部分用于形成表皮蜡质；③在内质网中，长链脂肪酸由两种途径被修饰成各种主要的蜡质成分：一是合成醛、烷、仲醇以及酮类的烷类合成途径；二是合成伯醇和酯类的伯醇合成途径（王永平等，2012）。

### 4.1.3.1　C16 和 C18 脂肪酸的合成

在质体中，乙酰辅酶 A 的酰基链在脂肪酸合成酶复合物（fatty acid synthase complex，FAS）的催化下，经过多个循环反应后延伸成为 C16 或 C18 酰基-ACP，然后是酰基-ACP 硫解酶（fatty acyl‐ACP thioesterase，FAT）催化 C16 或 C18 脂肪酸的形成，并最终通过质体外膜上的长链酰基辅酶 A 合成酶（LACS）催化形成相应的酰基辅酶 A，转移到内质网上。FAS 是由 4 种酶组成的复合体，其中，β-酮酰基 ACP 合成酶在酰基链长度上具有一定的特异性，据此 FAS 被分为 3 种类型：KASⅢ催化 C2～C4 的合成，KASⅠ催化 C4～C16 的合成，KASⅡ催化 C16～C18 的合成（Clough et al.，1992；Shimakata et al.，1982）。

### 4. 1. 3. 2　超长链脂肪酸的合成

超长链脂肪酸作为蜡质合成的前体物质，普遍存在于植物体中。在酯酰-ACP硫酯酶的作用下，从ACP中释放出C16和C18脂肪酸，在质体外膜上的LACS催化下形成相对应的酰基辅酶A并运输到内质网。目前，在拟南芥中有9个已知功能的 *LACS* 基因（Shockey et al.，2002），其中 *LACS2* 是唯一参与了表皮角质合成的基因，*lacs2* 突变体有莲座叶角质层缺陷现象出现，*lacs2* 突变体比野生型的表面蜡质含量多，这种现象与其他植物角质层缺失突变体表型相似（Schnurr et al.，2004；Bessire et al.，2007；Sieber et al.，2000）。此外，*LACS9* 基因的缺失，既不影响酰基类物质的运输量，也不影响植物的表型（Schnurr et al.，2002）。因此，*LACS* 类基因对蜡质组分合成的影响机制尚待研究。

在内质网上，脂肪酸延伸酶复合体（FAEs，fatty acid elongases）催化脂肪酰辅酶A，以丙二酰-CoA作为酰基供体，通过循环反应连续增加碳原子以形成C24～C36的超长链脂肪酸（Von et al.，1982；Millar et al.，1999；Zheng et al.，2005；Joubès et al.，2008）。FAEs是一种由4种酶组成的多酶复合体，分别为β-酮脂酰辅酶A合成酶（β-ketoacyl-CoA synthase，KCS）、烯酰基辅酶A还原酶（enoyl-CoA reductase，ECR）、β-羟酰基辅酶A水解酶（β-hydroxyacyl-CoA dehydratase，HCD）、β-酮酰基辅酶A还原酶（β-keto-acyl-CoA reductase，KCR）。其循环过程如下：①丙二酰辅酶A和酰基辅酶A在KCS的作用下结合到一起；②β-酮乙基-乙酰CoA在KCR催化下进行还原反应；③HCD催化β-羟基-酰基CoA进行脱水反应；④烯酰-CoA在ECR催化下进行还原反应，酰基CoA增加2个碳原子（Millar et al.，1997）。每次循环结束后增加2个碳原子，多次循环后便会形成C20～C34的脂肪酸。

FAEs的4种酶中，只有KCS在结合的底物特异性上有严格的要求，它的类型不但决定着循环反应的速度，并且影响着最终产物的酰基链长度（James et al.，1995）。在拟南芥中，KCS基因分为2种类型：一种为FAE1类KCS基因，目前发现的共有21个（Dunn et al.，2004）；另一种为ELO类KCS基因，目前有4个基因已经被注释，但未研究其功能（Lee et al.，2010）。拟南芥中FAE1类KCS基因只能控制碳链长小于C28的超长链脂肪酸的延伸。拟南芥 *kcs20* 与 *kcs2/daisy* 的单突变体中，表面蜡质没有改变，但 *kcs20kcs2/daisy* 双突变体的茎秆与野生型相比更加光滑，蜡质含量也显著降低，其中，碳链长为C22和C24的两种超长链衍生物的含量显著降低，而

C20 超长链衍生物含量有所升高。此结果表明，*KCS20* 和 *KCS2/DAISY* 基因均参与了拟南芥 C20~C22 脂肪酸的延伸（Zheng et al.，2005）。

FAE 复合体中的其余 3 个酶 ECR、HCD 和 KCR 是通用酶。拟南芥中，*CER10* 基因编码 ECR，调控 FAE 的还原反应。对拟南芥 T-DNA 插入突变体的研究发现，*CER10* 基因的缺失对超长链的积累并不产生影响。因此，有学者认为，若 *CER10* 基因缺失，其他的还原酶可能会表现出与其相似的催化活性（Tellier et al.，2011）。拟南芥中，*PAS2* 基因控制 FAE 的脱水反应，能够与 *CER10* 基因互作，在脂肪酸延伸中起着重要的作用（Bach et al.，2008；Shanklin et al.，1994）。

### 4.1.3.3　超长链脂肪酸的衍生

表皮细胞中的超长链脂肪酸经过衍生阶段，便形成蜡质组分中的其他成分，在大多数陆生植物中，此进程主要存在两条途径：烷类合成途径和伯醇合成途径。

（1）烷类合成途径。在该途径中，通过脂酰辅酶还原酶（fatty acyl-CoA reductase，FAR）的催化作用将超长链脂肪酸还原成醛，之后在醛脱羧酶（aldehyde decarbonylase）的作用下使醛进行脱羧反应，反应过后便会减少 1 个碳原子，最后形成碳原子的数量为奇数的烷烃。烷烃形成后，经烷烃羟化酶的羟化反应后生成仲醇或酮。在这些物质中，烷类为主要物质。在拟南芥 *cer3* 突变体中，烷类、酮类、醛类及仲醇类含量显著降低，而 C30 的伯醇含量却升高，这表明 *CER3* 基因参与了烷类合成途径（Jenks et al.，1995）。

（2）伯醇合成途径。在此途径中，超长链脂肪酸酰基辅酶 A 在脂肪酸酰基辅酶 A 的还原作用下产生伯醇，伯醇与饱和脂肪酸在甘油二酯酰基转移酶（diacylglycerol acyltransferase，DgAT）的催化作用下经过缩合的过程形成烷基酯。该途径蜡质成分的碳原子数一般为偶数，主要为伯醇。之后，伯醇会被各种各样的酰基化合物酯化成为芳香族化合物、超长链脂肪酸等。此外，伯醇也可以与碳十六酰基辅酶 A 发生反应，生成酯类物质。对玉米和豌豆的研究表明，超长链脂肪酸经过衍生阶段成为醇类物质只有一步反应且受 FAR 的催化，表明 FAR 能够独自地将超长链脂肪酸衍生为醇类物质。此外，还有研究表明，在拟南芥中，*CER4* 基因负责编码脂肪酸酰基辅酶 A 还原酶，将 VLCFA 酰基 CoA 直接还原为伯醇（Samuels et al.，2003）。

## 4.1.4　蜡质的运输

蜡质的运输大致分为 3 步：第一步，蜡质成分从内质网传递到质膜；第二步，质膜上蜡质成分的输出；第三步，蜡质成分穿过细胞壁到达植物表皮（图4.1）。

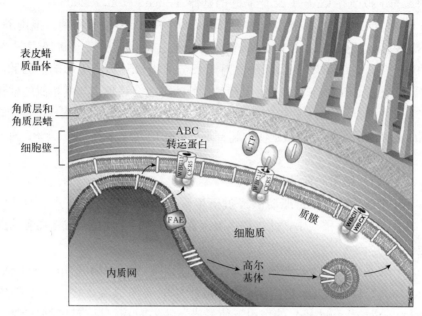

图4.1　蜡质运输途径（Samuels et al.，2008）

注：LTP 表示脂转运蛋白，FAE 表示脂肪酸延伸酶，WBC11 表示转运蛋白，CER5 表示转运蛋白。

### 4.1.4.1　蜡质成分从内质网运输到质膜

在内质网上合成蜡质组分后，需要将其通过质膜转运至质外体。关于此问题，目前研究者认为有两个假说。第一个假说认为，此过程是由囊泡分泌和高尔基体介导的转运体系，即蜡质组分内质网中转运到高尔基体是由囊泡分泌的，然后高尔基体再运输到质膜。第二个假说是蜡质成分从内质网直接运输到质膜：蜡质成分直接从内质网与质膜接触的地方转运，内质网与质膜特别接近，但没有融为一体（Schulz et al.，2004；Staehelin et al.，1997）。现在，已经发现了这个内质网和质膜之间的距离在 10 nm 之内的连接部位，称为质膜连接膜（PM-associated membranes，PAMs），并且已经鉴定分析了其化学组成及其形态结构。结果表明，此部位脂质生物合成蛋白的含量特别高。研究人员推测这一部位脂质载体蛋白的含量极高，因此它可以作为脂质转运蛋白（Pichler et al.，2010；Pighin et al.，2004）。

### 4.1.4.2　蜡质成分从质膜运输到质外体

当蜡质成分转运到质膜后，就会从脂质双层中转移到质外体环境中，而这个运输过程是一个能量消耗的过程，ABC（plant cuticular lipid export requires an ABC transporter）转运蛋白可能参与了这一过程。ABC转运蛋白处于质膜上，并且能够通过水解腺嘌呤核苷三磷酸来提供能量，从而在蜡质成分的运输过程中起作用。前人的研究发现，在拟南芥中，CER5和WBC11这两个转运蛋白与植物表皮蜡质的运输有关。因为在拟南芥*cer5*和*wbc11*突变体中，表皮蜡质的含量有所减少而细胞内蜡质含量有所增加，说明蜡质在转运过程中出现了问题，表明ABC转运蛋白在蜡质的运输过程中占据了重要的地位（Bird et al.，2007；Luo et al.，2007；Kader et al.，1996）。

### 4.1.4.3　蜡质成分穿过细胞壁

蜡质成分从质膜中转运出来到质外体后，必须穿过细胞壁才能分泌到表皮细胞外，目前有两条公认的途径。

（1）脂质转运蛋白（LTP）途径。脂质转运蛋白（lipid transfer proteins，LTPs）能够在植物表皮中大量表达，由于其有体积小的优势，便可以穿过细胞壁上的孔隙，然后分泌到细胞壁外，因此研究人员将LTPs判定为蜡质成分在穿过细胞壁的过程中可能起主要作用的蛋白（Zachowski et al.，1998；Sachetto et al.，1995）。

（2）蜡质成分是通过直接作用于细胞壁基质以穿过细胞壁的，虽然细胞壁大部分是亲水性的，但是蜡质成分能够通过特殊细胞壁蛋白在细胞壁内形成的疏水部分到达表皮细胞外（Reynhardt et al.，1991）。

目前，研究认为角质层中存在非晶体部位，这些部位充当了孔隙，允许蜡质成分能够自由地穿过角质层，核磁共振和红外光谱分析均表明，蜡质成分穿过角质层后形成蜡质的各种晶体及非晶体状态（Merk et al.，1998；张正斌等，1995）。

## 4.1.5　蜡质合成的调节因素

蜡质合成与植物自身发育和周边环境因素密切相关。例如，蜡质合成相关基因*CER1*在低温、干旱等条件下，其转录水平都会受到影响。而同一种植物在水分充足和水分缺乏两种环境下，其表皮蜡质的结构以及化学组成也会产生差异。当棉花处于缺水状态时，其表皮总蜡质的浓度相对对照组来说明显上升。而从表观形态来看，两种状态下棉花的蜡质表型没有太大的区别（Bondada et al.，1996）。除此之外，植物表皮蜡质形成受光环境的调控，在光照条件下会比树冠荫蔽下具有更厚的角质层，并且强光照射还会改变表皮蜡质的组成成分（Rosenquist and Morrison，1989；Lykholat et al.，2020）。

在拟南芥中发现，光对负责 VLCFA 前体的合成的 *CER6/KCS6* 的转录起关键作用。*CER6* 启动子区域包含与光诱导启动子中发现的 I - box 和 GT1 结合位点相似的元件，并且在黑暗情况下，*CER6* 转录水平迅速下降，蜡质含量也随之降低 (Terzaghi and Cashmore，1995；Teodor，2009)。

## 4.2　蜡质合成关键基因筛选

黄瓜品种 3413 和 3401 拥有完全不同的果实色泽 (图 4.2A)。其中，3413 的果实有光泽而呈现亮绿色，而 3401 的果实无光泽而呈现灰白色。推断这种表型上的差异是由于果实表皮的蜡质含量不同导致的，因此检测了黄瓜中可能与蜡质合成相关的基因转录水平。根据已发表与蜡质合成及运输相关的拟南芥基因 (*AtCER1*、*AtWAX2*、*AtCER4*、*AtCER6*、*AtCER8*、*AtCER10*) 的 CDS 序列，在黄瓜基因库 (http://cucumber.genomis.org.cn/) 比对出黄瓜中可能与蜡质合成及运输相关的候选基因，分别命名为 *CsCER1* (Csa024936)、*CsWAX2* (Csa020530)、*CsCER4* (Csa015125)、*CsCER6* (Csa001017)、*CsCER8* (Csa012809) 和 *CsCER10* (Csa011285)。候选基因在黄瓜品种 3413 与 3401 间的荧光定量 PCR 结果表明，*CsCER1* (Csa014236)、*CsWAX2* (Csa020530) 和 *CsCER10* (Csa011285) 相对其他候选基因，在黄瓜品种 3401 与 3413 中的表达量差异十分明显，在蜡质多品种 (3401) 的相对表达量分别是蜡质少品种 (3413) 的相对表达量的 272 倍、

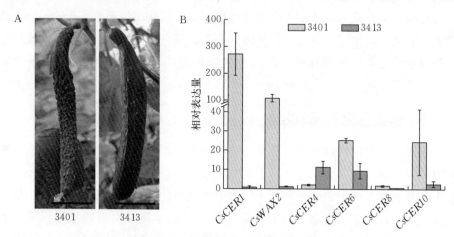

图 4.2　黄瓜中蜡质合成相关基因的表达分析

注：图 A 为黄瓜品种 3401 和 3413 的果实表型。展示的是花后 12 d 的果实。标尺＝10 cm。图 B 为黄瓜品种 3401 和 3413 中蜡质合成相关基因的荧光定量 PCR 分析。采自花后 3 d 的果实。黄瓜 *TUA* 基因作为内参基因，设置 3 次生物学重复。误差线代表标准偏差。

68 倍和 26 倍（图 4.2B），因此把它们作为目标基因进行下一步研究。

## 4.3　*CsCER1* 基因的克隆与功能分析

### 4.3.1　CsCER1 蛋白序列及进化树分析

*CsCER1* 基因在黄瓜中为双拷贝基因，分别位于 6 号染色体和 scaffold000058 染色体上，全长 5 103 bp，与拟南芥中 *CER1* 基因一样，含有 9 个内含子和 11 个外显子（图 4.3A）。其开放阅读框长度为 1 827 bp，编码了 1 条含有 609 个氨基酸的多肽。此外，CsCER1 蛋白与拟南芥 AtCER1、苜蓿 MtCER1、水稻 OsCER1、玉米 ZmCER1 这些同源蛋白进行比对，一致性在 32.44%～61.75%，与 AtCER1 蛋白的一致性最高，达到 61.75%（图 4.3B）。

此外，CsCER1 蛋白与这些同源蛋白都含有保守的 3 个富含组氨酸的组件（HX3H、HX2HH 和 HX2HH，其中 X 代表任意氨基酸），这些富含组氨酸的组件共同组成的脂肪酸羟化酶区域（126～252 氨基酸）对酶活性起到重要作用（Taton et al.，2000）。CsCER1 蛋白的 C 端含有一个在烷类合成中起作用但功能尚不明确的 WAX2 区域（Chen et al.，2003）。为了进一步分析 CsCER1 蛋白与其他 CER1 同源蛋白的进化关系，构建了系统发育树。此进化树包含有拟南芥、苜蓿、玉米、水稻等在内的 15 个物种（图 4.4），分为双子叶植物与单子叶植物两个进化支，其中 CsCER1 与 AtCER1 蛋白处于同一进化支上。此结果说明 *CsCER1* 基因属于与蜡质合成相关的 *CER* 基因家族。

### 4.3.2　*CsCER1* 基因的表达模式及亚细胞定位分析

运用荧光定量分析 *CsCER1* 基因在野生型黄瓜各个组织中的转录水平，结果表明 *CsCER1* 基因在黄瓜包括根、茎、茎表皮、叶、花、果、果实表皮在内的各个组织中均有表达（图 4.5A），其中在果实表皮中的表达水平最高。原位杂交结果表明，*CsCER1* 基因在果实中的表达部位主要在表皮细胞（图 4.5B），与荧光定量结果一致。作为负对照，*CsCER1* 的正义探针则没有信号。由于蜡质是在表皮细胞中合成（Samuels et al.，2008），因此进一步充分说明了 *CsCER1* 基因可能与蜡质合成密切相关。

除此之外，构建了 *35S：GFP－CsCER1* 载体研究 CsCER1 蛋白在洋葱表皮细胞的亚细胞定位情况。结果表明，GFP 信号与内质网标识 mCherry－HDEL 共定位，说明 CsCER1 蛋白定位在内质网上（图 4.6）。作为对照，*35S：GFP* 的信号则分布在整个洋葱细胞。前人研究表明，大部分蜡质合成

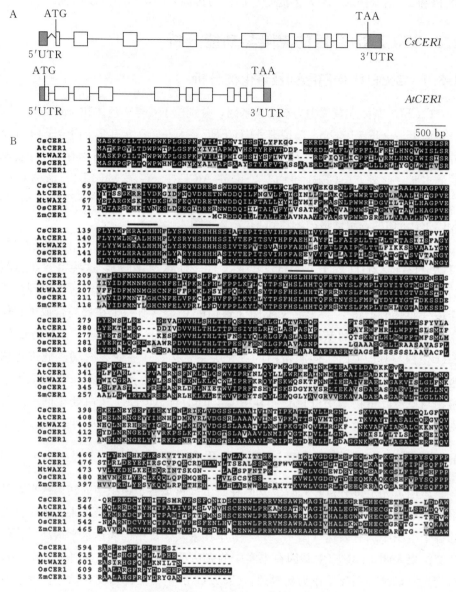

图 4.3　CsCER1 蛋白与其他同源蛋白的结构与序列分析

注：图 A 为 *CsCER1* 和 *AtCER1* 基因的结构分析。白色框和黑线部分分别代表外显子和内含子。灰色框代表非翻译区。Cs 指黄瓜；At 指拟南芥。图 B 为 CsCER1 和其他同源蛋白的序列分析。黑色和灰色分别代表一致和相似残基。黑线标注的是保守的富含组氨酸的组件。Mt 指苜蓿；Os 指水稻；Zm 指玉米。

相关基因都定位在内质网上（Mao et al.，2012），进一步说明 *CsCER1* 基因很有可能参与蜡质合成。

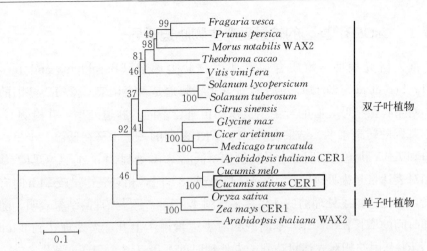

图 4.4　不同物种中 CER1 同源蛋白的进化树分析

注：进化树运用 MEGA5 软件的邻接法。CsCER1 蛋白用方框标注。

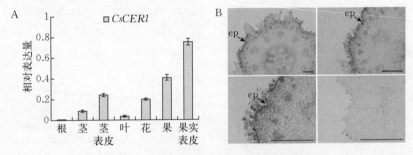

图 4.5　黄瓜中 *CsCER1* 基因的表达模式分析

注：图 A 为 *CsCER1* 基因在 65 d 黄瓜不同组织部位的荧光定量 PCR 分析。黄瓜 *TUA* 基因作为内参基因，设置 3 次生物学重复。误差线代表标准偏差。图 B 为 *CsCER1* 基因在黄瓜果实中的原位杂交分析。果实横切图显示正义探针显示无信号。箭头所示为 *CsCER1* 基因主要在果实表皮中表达。ep 指的是表皮，标尺＝150 $\mu$m。

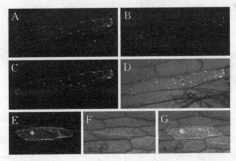

图 4.6　CsCER1 蛋白在洋葱表皮细胞中的定位

注：*35S*：*GFP - CsCER1* 和 ER 内质网标识物 mCherry - HDEL 共定位于内质网（图 A～D）。空载 *35S*：*GFP* 遍布整个细胞（图 E～G）。

### 4.3.3　*CsCER1* 基因的转录受非生物胁迫诱导

前人研究表明，蜡质合成受非生物胁迫调节（Buschhaus and Jetter，2011；Seo et al.，2011）。为了验证非生物胁迫是否会调节 *CsCER1* 基因的表达，对生长至三叶一心的野生型黄瓜幼苗进行不同的胁迫处理，并检测 *CsCER1* 基因的转录水平。结果表明，*CsCER1* 基因的表达水平在低温、干旱、盐胁迫和 ABA 胁迫中都明显上升。例如，低温 12 ℃ 处理 24 h 时，*CsCER1* 基因的相对表达量是未处理时的 12 倍；当处理 48 h 时，相对表达量较 24 h 时有所下降，但也达到了处理前的 3 倍之多（图 4.7A）。干旱处理的结果表明，随着处理时间的增长，*CsCER1* 基因的相对表达量逐步上升，当处理达到 3 h 时，*CsCER1* 基因的相对表达量达到了未处理时的 9 倍（图 4.7B）。除此之外，还调查了 *CsCER1* 基因在不同浓度 NaCl 处理中的表达水平。结果表明，*CsC-

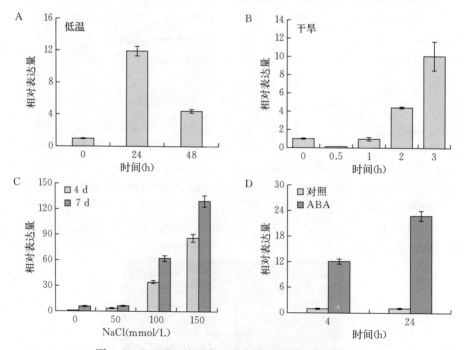

图 4.7　*CsCER1* 基因在不同非生物胁迫下的表达分析

注：图 A 为黄瓜分别遭受 12 ℃ 低温 0 h、24 h、48 h 时 *CsCER1* 基因的荧光定量 PCR 分析。图 B 为黄瓜分别遭受干旱 0 h、0.5 h、1 h、2 h、3 h 时 *CsCER1* 基因的荧光定量 PCR 分析。图 C 为黄瓜分别遭受不同浓度 NaCl（0 mmol/L、50 mmol/L、100 mmol/L、150 mmol/L）4 d 和 7 d 时 *CsCER1* 基因的荧光定量 PCR 分析。图 D 为黄瓜分别遭受 ABA（10 μmol/L）4 h、24 h 时 *CsCER1* 基因的荧光定量 PCR 分析。黄瓜 *TUA* 基因作为内参基因，误差线代表 3 次生物学重复的标准偏差。

*ER1* 基因的相对表达量随着处理时间及处理浓度的增加而表达量升高（图 4.7C）。在 ABA 处理中，用去离子水作为对照（Bourdenx et al.，2011）。当处理 4 h 和 24 h 时，*CsCER1* 基因的相对表达量都比对照明显大幅度升高，分别达到了对照的 12 倍和 23 倍（图 4.7D）。这些结果表明，*CsCER1* 基因的转录可以被非生物胁迫诱导。

## 4.3.4　转 *CsCER1* 基因黄瓜的表型观察

为了进一步研究 *CsCER1* 基因在黄瓜中的生物学功能，构建了 *CsCER1* 基因干扰与过量表达载体并成功转入黄瓜中。共获得了 6 株干扰表达株系和 6 株过量表达株系。在干扰表达株系中，荧光定量 PCR 结果表明，*CsCER1* 基因的表达受到明显抑制。其中，第三株系与第五株系中 *CsCER1* 基因的相对表达量分别下降到野生型的 33% 和 25%（图 4.8A）。而在过量表达株系中，*CsCER1* 基因的相对表达量明显高于野生型。其中，第一株系与第二株系中 *CsCER1* 基因的相对表达量分别达到野生型的 39 倍之多（图 4.8B）。

由果实表皮特性研究结果可以看出，与野生型相比，*CsCER1* 基因干扰株系的果实表皮呈现亮绿色，而 *CsCER1* 基因过表达株系则呈现出无光泽的灰绿色（图 4.8C）。推断这种差异是由于果实表皮蜡质构成或含量不同造成的。因此，将转基因株系与野生型黄瓜果实表皮置于扫描电子显微镜下进行观察。可以看到，相对野生型黄瓜而言，干扰株系果实表皮上覆盖的蜡质晶体明显减少，而过量表达株系蜡质晶体明显增多（图 4.8 D~F）。

## 4.3.5　*CsCER1* 基因参与了黄瓜的蜡质合成

为了进一步研究 *CsCER1* 基因在蜡质合成中的作用，运用气质联用的方法分析了不同转基因株系与野生型黄瓜中果实、茎和叶上蜡质的组成成分及含量。

果实中，*CsCER1i-3* 和 *CsCER1i-5* 干扰株系的表皮单位面积上的蜡质含量分别为 107.6 $\mu g/dm^2$ 和 98.3 $\mu g/dm^2$，相当于野生型的 84% 和 77%（图 4.9A）。其中，*CsCER1i-5* 受到干扰的程度大于 *CsCER1i-3*，有可能是由于 *CsCER1i-5* 中 *CsCER1* 基因的转录水平要低于 *CsCER1i-3*。在所有的蜡质成分中，在野生型中占 47% 的烷类受到的影响最大，分别减少了 47% 和 51%。其中，碳链长为 C29 和 C31 的烷类显著减少，而其他蜡质成分受影响程度不显著。相对于野生型而言，过表达株系中蜡质的含量明显增高，分别增加了 12% 和 16%，其中，大部分是由于 C29 烷和 C31 烷造成的。

茎中，相对于野生型而言，*CsCER1i-3* 和 *CsCER1i-5* 干扰株系单位表

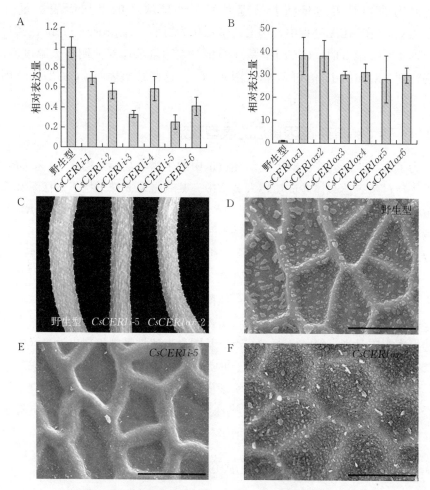

图 4.8　黄瓜 *CsCER1* 转基因株系的分子与表型分析

注：图 A～B 为 *CsCER1* 基因在不同株系中的表达量分析。图 A 为 *CsCER1* 基因过表达株系，图 B 为 *CsCER1* 基因干扰表达株系。图 C 为不同株系花后 12 d 果实的表型。图 D～F 为果实表面蜡质晶体结构。图 D 为野生型，图 E 为干扰株系，图 F 为过表达株系。标尺＝30 $\mu$m。

皮面积上的蜡质含量降低显著，分别减少了 21％和 26％；而 *CsCER1ox-1* 和 *CsCER1ox-2* 过表达株系中蜡质的含量明显增高，分别增加了 16％和 19％，这些差异大部分是由于烷类造成的（图 4.9B）。

　　叶片中，烷类作为主要的蜡质成分，在野生型中占到蜡质总量的 62％（图 4.9C）。*CsCER1i-3* 和 *CsCER1i-5* 干扰株系的单位表皮面积上的蜡质含量分别相当于野生型的 66％和 65％（图 4.9C）。其中，烷类分别减少了 42％和 47％。与之相反，*CsCER1ox1* 和 *CsCER1ox2* 过表达株系中蜡质的含量分别增加了 22％和 26％，其中，烷类分别增加了 39％和 45％（图 4.9C）。

这些数据表明，*CsCER1* 基因在黄瓜蜡质烷类的合成过程中起到了关键作用。

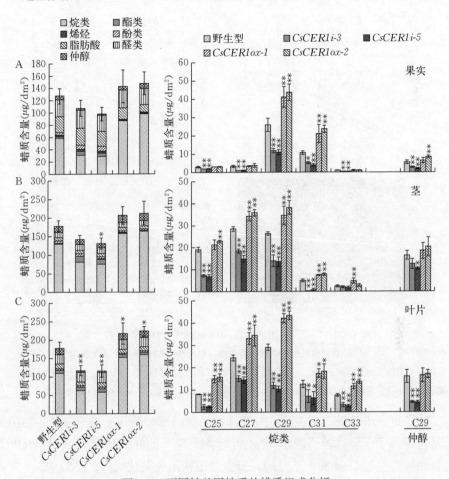

图 4.9　不同转基因株系的蜡质组成分析

注：图 A～C 为不同转基因株系果实（A）、茎（B）、叶片（C）的蜡质成分。蜡质组成含量的单位为 $\mu g/dm^2$，横轴表示碳链长。＊表示显著性差异（＊$P<0.05$，＊＊$P<0.01$，Student's 检验）。

## 4.3.6　*CsCER1* 基因在表皮渗透及抗旱方面起到了关键作用

前人研究证实，表皮蜡质与表皮渗透性之间有着密切联系（Yang et al.，2011）。通过叶绿素浸提与水分蒸腾试验来检验 *CsCER1* 基因的异常表达是否会影响转基因株系的表皮渗透性。与野生型植株相比，*CsCER1i-5* 的叶绿素浸提速率变快，而 *CsCER1ox-2* 的浸提速率相对变慢（图 4.10A）。不仅如此，水分蒸腾试验结果表明，相对于野生型而言，干扰株系表现出较高的水分蒸腾速率，而过表达株系则与之相反（图 4.10B）。

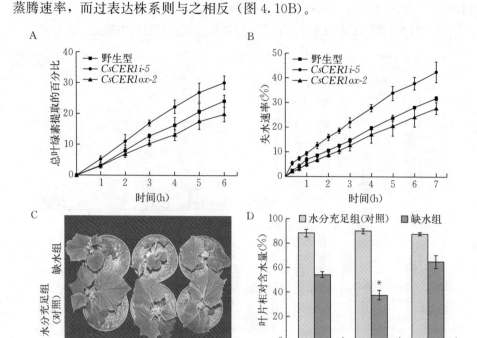

图 4.10　CsCER1 不同转基因株系表皮特性及抗旱性分析

注：图 A 为不同转基因株系的叶绿素浸提速率。图 B 为不同转基因株系的失水速率。图 C 为不同转基因株系的抗旱性试验。图 D 为抗旱性试验中不同转基因株系的叶片相对含水量。误差线表示 3 个生物学重复的标准偏差，＊表示显著性差异（＊$P < 0.05$，Student's 检验）。

为了进一步检验表皮渗透性对植株抗旱性的影响，将生长至三叶一心的黄瓜幼苗进行了干旱试验，缺水 10 d 后对各个株系的叶片相对含水量（RWC）进行比较。经过 10 d 的干旱处理，野生型植株出现黄化，CsCER1i-5 出现萎蔫，而 CsCER1ox-2 株系仍然充满活力（图 4.10C）。RWC 结果与此现象一致，野生型植株叶片的 RWC 为 54.3%，CsCER1i-5 和 CsCER1ox-2 的 RWC 分别为 37.9% 和 65.1%。这些数据进一步证实了 CsCER1 基因表达量变化影响到了表皮渗透性，从而改变了植株的抗旱能力。

## 4.3.7　CsCER1 基因上游转录因子筛选

### 4.3.7.1　cDNA 融合表达酵母文库的构建

对黄瓜总 RNA 分离纯化后所得的 mRNA 进行电泳，结果表明 mRNA 呈弥散分布，也无降解现象，mRNA 的 $OD_{260\,nm}$ 与 $OD_{280\,nm}$ 的比值为 2.04，说明 mRNA 足够纯净，完全符合逆转录要求。随后，经过使用 CloneMiner Ⅱ cD-

NA Library Construction Kit 获得 ds－cDNA 并通过对其电转化大肠杆菌 DH10B 得到初级文库（Uncut 型）菌液。

得到酵母初级文库后，取转化后细菌原液 10 μL 并稀释 1 000 倍，从中取出 50 μL 涂布 LB 平板（含相应抗性 K⁺），第 2 d 计数克隆数为 1 400，得到文库总容量为 $1.12×10^7$。然后，随机挑取 24 个克隆进行菌落 PCR 对初级文库插入片段重组率鉴定。通过琼脂糖凝胶电泳分析，发现插入片段的平均大小大于 1 000 bp，并且重组率达到了 96%。

#### 4.3.7.2　诱饵载体的构建

在进行诱饵载体构建时，首先对 *CsCER1* 基因启动子进行了分析。将 *CsCER1* 基因启动子序列提交到 PLACE（http://bioinformatics. psb. ugent. be/webtools/plantcare/htmL/）网站在线预测，发现其含有大量光响应和抗性响应元件，然后用 GSDS 2.0（http://gsds. gao－lab. org/）软件绘制各顺式作用元件分布图（图 4.11），根据相关顺式作用元件功能和密集程度，选择 *CsCER1* 基因启动子上游一处长为 70 bp 的片段为诱饵基因序列。这段序列含有包括赤霉素反应元件 P－box、厌氧诱导重要顺式作用元件 ARE、参与防御和应激反应的顺式作用元件 TC－rich、MYB 参与干旱诱导的结合位点元件 MBS。这些作用元件大多与植物防御机制相关，与植物蜡质所发挥的作用一致，因此更适合选为诱饵。建成诱饵载体后，将其酶切后片段整合到 Y1HGold 菌株，挑取单克隆菌斑进行验证确保载体整合到酵母基因组中，表

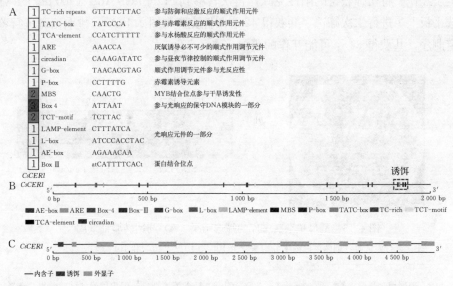

图 4.11　*CsCER1* 启动子顺式作用元件功能（A）、分布位置（B）及诱饵选择（C）

明已成功构建诱饵菌株。

菌株 AbA 背景浓度的筛选结果表明，pAbAi‑*CsCER1* 成功转入 Y1HGold 菌株中（图 4.12），且在 AbA 浓度为 100 μg/L 时完全抑制了诱饵菌株的生长，因此不存在自激活，该载体可以进行后续单杂筛库试验，并且根据单杂预筛试验结果，选择 400 μg/L 的 AbA 浓度进行后续单杂筛库试验①。

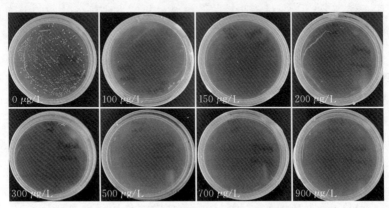

图 4.12　AbA 浓度≥100 ng/mL 时可抑制诱饵菌株生长

### 4.3.7.3　酵母文库筛选 *CsCER1* 可能的上游调控基因

将 Y1HGold（pAbAi‑*CsCER1*）与黄瓜 cDNA 文库进行筛库，在 SD/‑Leu/AbA（400 μg/L）筛选平板上有菌落生长，表明有猎物蛋白与诱饵基因发生了互作。将初筛获得的阳性克隆，再次转移到 SD/‑ Leu/AbA（400 μg/L）筛选平板上，进行二次筛选，共获得 42 个阳性克隆（图 4.13A），挑取菌斑进行鉴定测序，共获得 34 个可能互作的蛋白（表 4.1）。

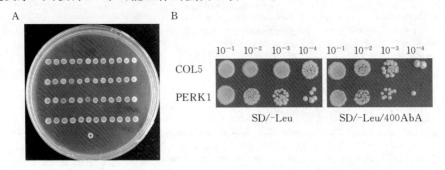

图 4.13　酵母单杂交文库的筛选结果（A）与回转验证（B）

注：进行验证时，细菌溶液浓度分别稀释至 $10^{-1}$、$10^{-2}$、$10^{-3}$ 和 $10^{-4}$。

---

①　根据单杂预筛试验结果，原本选择 300 μg/L 的 AbA 浓度即可，但为了确保试验效果，选择了略大的浓度（即 400 μg/L）作为后续试验所使用的浓度。

### 表 4.1 阳性克隆定位分析

| 基因库 ID | 基因名 | 定位 | 转录因子 |
|---|---|---|---|
| KAA0042485.1 | 热休克同源的 70 ku 蛋白 2 - like | 细胞质、细胞核 | 是 |
| KAA0053034.1 | 推定的锌结合蛋白 | 细胞核 | 是 |
| KAE8637537.1 | 假定的蛋白质 CSA_017393 | 细胞核、线粒体 | 是 |
| XM_004139789.3 | 黄瓜磷酸甘油酸激酶 | 细胞核、细胞质、线粒体 | 是 |
| XM_011659861.2 | 黄瓜的聚泛素（UBQ14） | 细胞质、细胞核、液泡 | 是 |
| XP_004134215.1 | 翻译控制肿瘤蛋白 | 细胞质、细胞核、线粒体 | 是 |
| XP_004135973.1 | 蛋白磷酸酶 2C 49 | 细胞质、细胞核、线粒体 | 是 |
| XP_004136304.2 | 类似 AIG2 的蛋白质 D 的异构体 X1 | 细胞质、细胞核、线粒体 | 是 |
| XP_004144847.1 | 与重金属相关的异戊烯酸化植物蛋白 26 | 细胞质、细胞核 | 是 |
| XP_004146297.1 | 锌指蛋白 CONSTANS - LIKE 5 - like | 细胞核、线粒体、细胞质 | 是 |
| XP_004146881.1 | 二氢蝶呤醛缩酶 2 | 细胞质、细胞核 | 是 |
| XP_004150052.1 | 富含脯氨酸的受体样蛋白激酶 PERK1 | 细胞核 | 是 |
| XP_004152924.1 | 依赖型 DEAD - box RNA 解旋酶 | 细胞质、核仁 | 是 |
| XP_008439666.1 | DNA 结合蛋白 DDB_G0278111 | 细胞核、胞质溶胶 | 是 |
| XP_011658294.1 | GLO1 乙醇酸氧化酶 | 细胞核、细胞质、线粒体 | 是 |
| NP_001267496.1 | 黄瓜表皮铜蛋白前体 | 细胞外，包括细胞壁 | 否 |
| NP_001267658.1 | 色甘酸-1，7-二磷酸酶 | 细胞质、线粒体、类囊体 | 否 |
| XM_004135144.3 | 泛素结合酶 E2 2 | 细胞质、线粒体 | 否 |
| XM_004150058.3 | 黄瓜的小核糖核酸蛋白 SmD1b | SMN - Sm 蛋白复合物、细胞质、线粒体 | 否 |
| XP_004133956.1 | 动力蛋白相关蛋白 1E | 叶绿体、线粒体 | 否 |
| XP_004137499.1 | 类甜蛋白 | 线粒体 | 否 |
| XP_004140777.2 | 记忆蛋白 | 质膜 | 否 |
| XP_004141051.1 | 四跨膜蛋白 2 | 膜的成分 | 否 |
| XP_004142619.1 | 未表征的蛋白质 LOC101217124 | 线粒体 | 否 |
| XP_004143216.1 | 脱氢多萜醇焦磷酸合成酶 2 | 叶绿体基质 | 否 |
| XP_004144643.1 | 三糖磷酸酯异构酶 | 线粒体、质膜液泡膜、叶绿体 | 否 |
| XP_004148715.1 | 无特征蛋白 LOC101218800 | 细胞壁、线粒体 | 否 |
| XP_004149439.1 | 无特征蛋白 LOC101203758 | 细胞壁、线粒体、液泡 | 否 |
| XP_004150136.1 | 果糖二磷酸醛酸酶 1 | 细胞质、叶绿体 | 否 |
| XP_004150528.1 | 网状组装蛋白 At5g35200 | 囊泡、质膜、细胞质 | 否 |

（续）

| 基因库 ID | 基因名 | 定位 | 转录因子 |
|---|---|---|---|
| XP _ 004152916.1 | 硫胺素噻唑合成酶 | 叶绿体、线粒体、类囊体 | 否 |
| XP _ 008440559.1 | 线粒体解偶联蛋白 5 - like | 细胞质、膜的组成部分 | 否 |
| XP _ 011653012.1 | ADP 核糖基化因子 GTP 酶激活蛋白 3 | 细胞质、质膜、囊泡 | 否 |
| XP _ 011654937.1 | 谷胱甘肽 S - 转移酶 DHAR2 | 细胞质 | 否 |

为了验证试验结果的可信程度，从这 34 个蛋白中随机选出 COL5 和 PERK1 的候选阳性克隆重新活化复苏转入化转大肠杆菌 DH5α 与 Y1HGold（pAbAi - *CsCER1*）进行一对一回转验证（图 4.13B），获得阳性克隆，表明 COL5（XP _ 004146297.1）和 PERK1（XP _ 004150052.1）与 *CsCER1* 基因的启动子存在互作。

为了进一步确认与 *CsCER1* 基因互作的转录因子，使用 PROMO（https://alggen. lsi. upc. es/cgi - bin/promo _ v3/promo/promoinit. cgi? dirDB＝TF _ 8.3）预测可能与 *CsCER1* 基因启动子基因结合的转录因子（图 4.14），在所有这些转录因子中，DEF:GLO 转录因子这一预测结果也在酵母单杂结果中呈现为 GLO（XP _ 011658294.1），进一步说明酵母单杂试验的准确性。

在≤15%的差异范围内预测的因素：

图 4.14　PROMO 预测可能与 *CsCER1* 基因启动子结合的转录因子

#### 4.3.7.4　候选基因在不同蜡质黄瓜材料中的特性分析

转录因子（transcription factor，TF）是指能够结合在某基因上游特异核苷酸序列上的蛋白质，这些蛋白质可通过调控核糖核酸聚合酶（RNA 聚合酶）与 DNA 模板的结合，参与基因的转录过程，因此转录因子调控基因转录的过程发生在细胞核中。本试验通过 GO 以及 PSORT（https://www. genscript. com/psort. htmL）将所得结果进行亚细胞定位预测分析，汇总 34 个阳性候选基因位置，确定了有 15 个基因定位在细胞核（表 4.1），为可能的转录因子阳性候选基因。

为了分析转录因子阳性候选基因与 *CsCER1* 基因之间的调控关系，接下来进行转录组分析，比较阳性候选基因在多蜡质材料 HCW 和少蜡质材料 LCW 中表达量的变化。其中，共有 13 个基因的表达量被标注，2 个基因未在转录组中发现。比较过程中发现，*HSPA2*（KAA0042485.1）、*ZFP*（KAA0053034.1）、*COL5*、*GLO1* 和 *PGK*（XM_004139789.3）这 5 个基因的表达量存在显著差异。*ZFP*、*COL5* 和 *GLO1* 在 HCW 中的表达量明显增加，与蜡质基因 *CsCER1* 的表达量变化一致，推测这些基因可能为蜡质合成的正调节基因；*HSPA2* 和 *PGK* 在 HCW 中的表达量显著降低，其表达与蜡质含量呈负相关，因此其可能为蜡质合成的负调节基因（图 4.15A）。

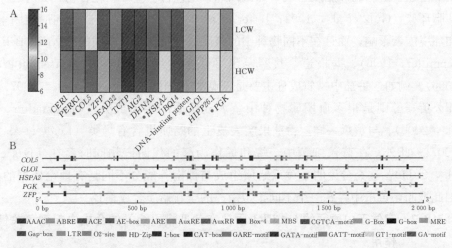

图 4.15　候选基因在 LCW 和 HCW 材料中的差异表达（A）与启动子元件分析（B）

分析差异表达基因的启动子元件与 *CsCER1* 基因的关系（图 4.15B），这些启动子元件可大致分为两部分：非生物胁迫响应元件和光诱导型启动子元件。在非生物胁迫响应元件中，MBS 作为干旱诱导型启动子元件可在干旱胁迫条件下被诱导表达；ARE 作为厌氧调节元件在这 5 个基因的启动子中均有存在，并且还是 *CsCER1* 基因的启动子元件。逆境胁迫响应元件还包括激素诱导型元件，如生长素诱导元件（TGA - element、AuxRE、AuxRR）、赤霉素诱导元件（P - box、GARE - motif）、脱落酸诱导元件（ABRE）、乙烯诱导元件（TCA - element）、水杨酸诱导元件（TCA - element）和甲基茉莉酮酸诱导元件（CGTCA - motif 和 TGACG - motif）等，与植物表皮蜡质在逆境胁迫中响应作用一致。光诱导型启动子元件包括 ABRE、TCT - motif、GATA - motif、ACE、G - box 和 Box 4 等，其中 G - box 和 Box 4 被发现同时也是 *CsCER1* 启动子元件（图 4.11）。由此推测，*CsCER1* 基因的表达易受到外界环境的影响，转录因子可以通过光、低温及干旱等逆境胁迫和激素的诱导对 *CsCER1* 基因的表达进行调控。

## 4.3.8 讨论

### 4.3.8.1 黄瓜含有与拟南芥不同的蜡质合成途径

在拟南芥中，蜡质合成机制研究的比较透彻。其表皮蜡质成分主要含有超长链伯醇、酯、醛、烷、仲醇和酮（Samuels et al.，2008）。出乎意料的是，黄瓜表皮的蜡质成分包括烷、烯、酯、仲醇、醛和酚。在之前的研究中，蜡质主要由超长链脂肪族脂质组成，除此以外，还包含一些环状化合物，如芳香族和脂环族（Gülz et al.，1992；Jetter et al.，2002）。蜡质合成受到遗传因素和环境因素影响，而且在不同物种中的蜡质成分及含量是不同的（Post‐Beittenmiller，1996）。据报道，共鉴定出 200 多种组分（Post‐Beittenmiller，1996）。例如，番茄中蜡质成分主要是三萜类和固醇类（Leide et al.，2007），蒲公英赛醇则是很多血桐属物种中茎表皮蜡质的主要成分（Markstädter et al.，2000）。与黄瓜一样，番茄果实表皮上的蜡质也含有烯类（Leide et al.，2007）。此外，在蓝藻细菌中，烷和烯作为醛的代谢产物同时存在（Das et al.，2011）。这充分说明了黄瓜蜡质组成与拟南芥成分不同是有理论依据的。因此推断，黄瓜中存在一个不同于拟南芥的全新蜡质合成途径。

### 4.3.8.2 定位于内质网的 CsCER1 蛋白在黄瓜蜡质烷类的合成中起到了关键作用

拟南芥 *AtCER1* 基因与蜡质中超长链烷类的合成密切相关（Aarts et al.，1995；Bourdenx et al.，2011）。在此研究中，筛选出一个与 *AtCER1* 基因一致性较高的 *CsCER1* 基因。序列比对及进化树结果表明，*CsCER1* 基因与 *AtCER1* 基因同源。与其他已鉴定的蜡质合成相关基因一致，CsCER1 蛋白也定位于表皮细胞的内质网（图 4.6）。而且，*CsCER1* 转基因植株中异常的 *CsCER1* 基因表达影响了超长链烷类的含量（图 4.9），表明 *CsCER1* 基因与烷类的合成密切相关。*CsCER1* 基因编码了一个将超长链醛转化为烷的醛脱羧酶（Aarts et al.，1995；Bernard et al.，2012）。在转基因黄瓜中，碳链长处于 C25～C33 的奇数链烷受到的影响最大，但是 C26～C34 的醛类，作为底物却没有在黄瓜中检测到。推断这部分醛类并没有积累而是立即转化为烷类。拟南芥中的 AtCER1 蛋白与 CsCER3 蛋白共同作用将 VLC acyl‐CoAs 转化为烷（Bernard et al.，2012），因此猜测，在黄瓜中存在一个与 CsCER1 蛋白共同作用的蛋白，这需要进一步研究。

### 4.3.8.3 *CsCER1* 基因对表皮特性的影响

表皮蜡质成分及含量变化可以影响植株的表皮特性（Gray et al.，2000；

Aharoni et al.，2004)。而表皮渗透性可以通过测定表皮失水率及叶绿素浸提速率来判断。因此，本研究通过测量不同株系的表皮失水率及叶绿素浸提速率来研究 *CsCER1* 基因的异常表达对表皮特性的影响。研究结果表明，*CsCER1* 基因过表达株系中蜡质的含量增高，而表皮失水率及叶绿素浸提速率降低。相反，*CsCER1* 基因干扰表达株系中蜡质的含量降低，表皮失水率及叶绿素浸提速率升高（图 4.9、图 4.10）。以上结果表明，蜡质含量与表皮渗透性之间存在密切联系。同时，这一结论也在多个物种中得到证实，如大豆、苜蓿和番茄（Zhang et al.，2005；Yang et al.，2011；Luo et al.，2013）。综上所述，黄瓜中 *CsCER1* 基因异常表达对表皮渗透性产生影响。

### 4.3.8.4　*CsCER1* 基因过量表达可以提高黄瓜的抗旱性

蜡质在保护植物免受环境胁迫方面起到了至关重要的作用。当拟南芥处于干旱环境时，其表皮的蜡质含量会明显增高（Kosma et al.，2009）。这一现象在其他物种，如大豆和芝麻中也存在（Kim et al.，2007a、2007b）。当植物处于缺水环境时，蜡质中烷类的含量相对于其他蜡质成分会明显增加，这说明烷类在保护植物免受干旱胁迫方面起到了重要作用（Kosma et al.，2009；Bourdenx et al.，2011）。前人研究证明，不是所有与蜡质相关的基因都会被干旱胁迫诱导（Kosma et al.，2009）。在本研究中，*CsCER1* 基因作为黄瓜中合成超长链烷类的主要合成基因，在干旱胁迫下的转录水平明显高于对照植株（图 4.7B）。与本研究的推断一致，*CsCER1* 基因过量表达株系的抗旱性要优于野生型，而 *CsCER1* 基因干扰表达株系则呈现相反趋势（图 4.10）。以上结果表明，蜡质含量与黄瓜的抗旱能力密切相关，黄瓜作为具有高经济效益的园艺作物之一，干旱严重威胁到黄瓜的产量与产品质量。因此，提高黄瓜本身的抗旱能力对于黄瓜产值意义重大。

综上所述，*CsCER1* 基因作为 *AtCER1* 的同源基因，在黄瓜蜡质烷类的合成过程中起关键作用。*CsCER1* 基因的转录水平可以被干旱、低温和渗透胁迫诱导。除此之外，*CsCER1* 基因异常表达可以影响到转基因株系的烷类含量、表皮渗透性及植株抗旱能力。

### 4.3.8.5　筛选 *CsCOL5* 为 *CsCER1* 基因的候选调控因子

在通过酵母单杂技术筛选出了 15 个定位在核内的调控因子，符合与 *CsCER1* 基因启动子结合的基础。这 15 个候选基因的表达量在黄瓜 LCW 与 HCW 材料中有所不同，*ZFP*、*COL5* 和 *GLO1* 的表达量在少蜡材料中显著减少；*HSPA2* 和 *PGK* 的表达量则在少蜡材料中显著增加，这些基因作为调控 *CsCER1* 的候选基因，可能参与蜡质合成与调控过程。根据这些转录因子的结构和功能，本试验筛选出光周期调控相关的 zinc finger protein CONSTANS -LIKE 5 - like（COL5）作为候选调控因子，在后续试验中验证其与 *CsCER1* 基因之间的调控机制。

## 4.4　*CsCOL5* 基因的克隆与功能分析

### 4.4.1　黄瓜 *CsCOL5* 基因的克隆

将黄瓜品种 9930 的叶片提取出的 RNA 反转录为 cDNA，通过 PCR 扩增得到黄瓜 *CsCOL5* 基因片段，对扩增产物进行琼脂糖凝胶电泳，扩增条带大小为 1 100 bp 左右，与目的片段大小相吻合。

测序后得到 *CsCOL5* 片段大小为 1 107 bp，与 Cucumber（Gy14）v2 黄瓜库里 *COL5* 序列进行比对，发现有两处 SNP 突变位点（图 4.16A）。将 *CsCOL5* 克隆片段测序后得到的片段用 DNAMAN6.0 进行翻译，发现 *CsCOL5* 编码 368 个氨基酸，与 Cucumber（Gy14）v2 黄瓜库中 *CsCOL5* 的氨基酸进行序列比对，发现没有氨基酸序列产生变化（图 4.16B）。

### 4.4.2　*CsCOL5* 蛋白的生物信息学分析

利用 ExPASy 对黄瓜 CsCOL5 蛋白一级结构及理化性质进行分析（表 4.2）。分析结果表明，黄瓜 *CsCOL5* 基因编码由 368 个氨基酸组成的蛋白质，此蛋白的理论等电点（PI）为 5.77，不稳定性系数为 40.26，可以表明此蛋白是一个不稳定的蛋白质。理论等电点小于 7，说明该蛋白质可能为酸性蛋白质；预测分子量为 40 463.50，脂肪系数为 69.13，带负电荷的残基总数（Asp+Glu）为 47，带正电荷的残基总数（Arg+Lys）为 37，总平均疏水系数为 −0.356。因此，推测该蛋白质属于不稳定性亲水蛋白质。

**表 4.2　CsCOL5 蛋白的理化参数**

| 分子式 | 分子量（ku） | 等电点 | 不稳定系数 | 氨基酸数 | 总平均疏水系数 |
|---|---|---|---|---|---|
| $C_{1757}H_{2734}N_{500}O_{552}S_{24}$ | 40 463.50 | 5.77 | 40.26 | 368 | −0.356 |

同时，结合 ProtScale 在线工具对亲水性和疏水性的预测结果表明，蛋白的 N 端和 C 端部分序列表现出疏水性，而中心部分序列亲水性氨基酸的比例偏高，整体趋向于亲水性（图 4.17A）。SignalP 在线分析软件结果表明，预测蛋白可能存在信号肽位点的 C 值、S 值和 Y 值都小于 0.2，说明 CsCOL5 蛋白

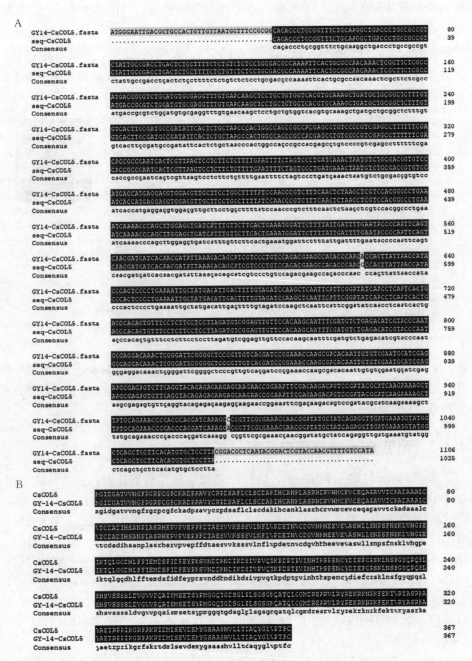

图 4.16 *CsCOL5* 基因（A）与氨基酸序列比对（B）

不存在信号肽位点，属于非分泌型蛋白（图 4.17B）。TMHMM 跨膜分析软件结果表明，蛋白在膜外，没有跨膜结构域，不属于跨膜蛋白（图 4.17C）。利用 NPS@SOPMA 对 CsCOL5 蛋白质进行二级结构分析（图 4.17D）。结果表明，此蛋白的无规则卷曲占比最高，为氨基酸总数的 58.42%；接着依次是 α螺旋、伸展链，分别占氨基酸总数的 30.16%、8.97%；β转角所占比例最低，仅为 2.45%。使用 SWISS-MODEL 预测的 COL5 蛋白三级结构（图 4.17E）显示，这个蛋白主要是由 α 螺旋和无规则卷曲组成。

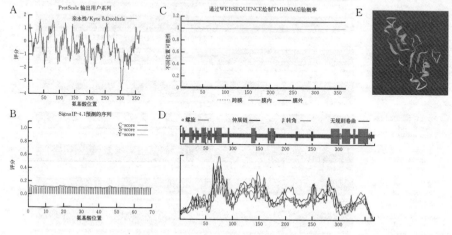

图 4.17　CsCOL5 的生物信息学分析

注：C-score 用来区分是否为剪切位点，最高峰值为剪切位点后的第一个氨基酸（即成熟蛋白的第一个氨基酸残基）；S-score 用来区分相应位置是否为信号肽区域；Y-score 表示 C-score 和 S-score 的几何平均数，用于避免多个 C-score 高分值对结果的影响。

## 4.4.3　黄瓜 COL 家族蛋白鉴定

根据 Pfam 与 Cucumber（Gy14）v2 黄瓜数据库数据比对，共在黄瓜基因组中找到 32 个 COL 家族成员，分别为 CsGy6G031120.1（CsBBX19）、CsGy7G000250.1（CsBBX20-1）、CsGy2G012640.1（CsBBX21）、CsGy6G006410.1（CsBBX24）、CsGy4G007860.1（CsBBX22）、CsGy4G005520.1（CsBBX18）、CsGy2G023880.1（CsCOL4-1）、CsGy7G004690.1（CsBBX21-X2）、CsGy2G006010.1（CsCOL5-1）、CsGy2G020320.1（CsBBX20-2）、CsGy1G019700.1（CsCOL5/CsBBX6）、CsGy1G019710.1（CsCOL5-2）、CsGy4G002790.1（CsCOL15）、CsGy1G003690.1（CsCOL16-1）、CsGy2G026170.1（CsCOL12）、CsGy6G003270.1（CsCOL6）、CsGy5G024730.1（CsCOL16-2）、CsGy7G003550.1（CsCOL14）、CsGy4G009470.1（CsCOL2）、CsGy6G009430.1（CsCOL9-X1）、CsGy3G039200.1（CsCOL4-2）、CsGy7G002190.1（CsCOL9）、CsGy1G011540.1（CsBBX32）、CsGy3G041780.1（CsAGD14-X2）、CsGy6G009000.1、CsGy2G001310.1、CsGy3G034800.1、CsGy5G003930.1、

*CsGy3G031670.1*、*CsGy5G025080.1*、*CsGy5G010900.1*、*CsGy6G036740.1*。

其中，除目的基因 *CsCOL5* 外，还发现另外两个 *COL5 - like* 基因，分别命名为 *CsCOL5 - 1*（*CsGy2G006010.1*）和 *CsCOL5 - 2*（*CsGy1G019710.1*）。

### 4.4.4 黄瓜、拟南芥和水稻 *COL* 家族系统进化树分析

为了明确 CsCOL5 蛋白与其同源蛋白之间的关系，采用 MEGA 7.0 构建了拟南芥、水稻和黄瓜系统发育进化树。结果表明，这 3 个物种的 *COL* 基因的系统发育分析将它们分为 3 组，即 Group 1、Group 2 和 Group 3 组（图 4.18）。*CsCOL5* 位于 Group 1，并且 *CsCOL5 - 1*、*CsCOL5 - 2* 和 *AtCOL5* 也位于 Group 1 的分组中。根据亲缘关系比较，*CsCOL5* 与 *CsCOL5 - 1* 的亲缘关系较远，与 *CsCOL5 - 2* 和 *AtCOL5* 亲缘关系较近，处在同一个小分支。表明 *CsCOL5* 与 *CsCOL5 - 2* 的亲缘关系较近。

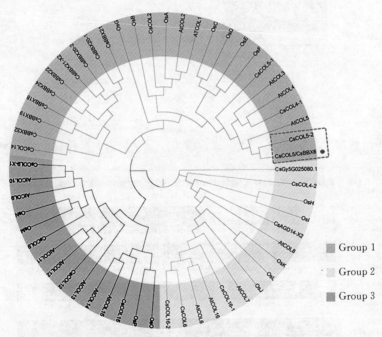

图 4.18 黄瓜、拟南芥、水稻 COL 家族系统进化树分析

### 4.4.5 *CsCOL5* 与 *CsCOL5 -2* 表达分析与氨基酸序列比对

将黄瓜中筛选出的 *COL* 家族基因的表达量进行分析，其中部分基因存在差异表达现象。对处于同一分支的 *CsCOL5* 和 *CsCOL5 -2* 的表达模式进行分析，发现其在不同蜡质材料中表达情况相似，都在多蜡质材料中表达量增加（图 4.19）。

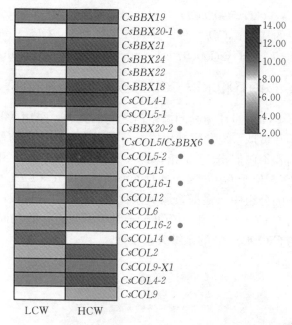

图 4.19 黄瓜 *COL* 家族基因的表达分析

注：∗标注了所研究的基因，灰色点表示筛选出的差异表
达基因，右侧数值指的是以 2 为底数的基因表达量的对数值。

利用 DNAMAN6.0 将 *CsCOL5* 与 *CsCOL5 - 2* 进行氨基酸序列比对（图 4.20），

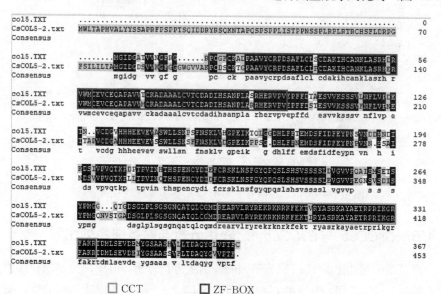

图 4.20  *CsCOL5* 与 *CsCOL5 - 2* 的氨基酸序列比对

结果表明，这两个氨基酸分别都有 2 个 ZF－BOX1 和一个 CCT 结构域。两序列的氨基酸一致性为 68.05%，保守结构域高度相似，可能存在相似的蛋白功能。

### 4.4.6 *CsCOL5* 基因的表达模式

运用荧光定量分析 *CsCOL5* 基因在黄瓜品种 9930 各个组织中的转录水平，结果表明，*CsCOL5* 基因在叶、雄花、雌花、茎尖、茎、卷须、幼果各个组织中均有表达（图 4.21），其中在雄花中的表达水平最高。同时，试验还在 *phyb* 突变体植株中检测了 *CsCOL5* 基因的表达情况，发现 *CsCOL5* 基因的表达情况与黄瓜品种 9930 中的结果一致。并且发现，*phyb* 突变体植株中雌花内的 *CsCOL5* 基因表达量显著增加，在茎尖、茎、卷须、幼果中 *CsCOL5* 基因表达量显著降低。

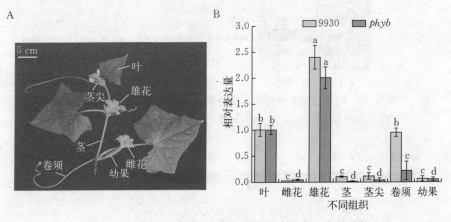

图 4.21 *CsCOL5* 基因在不同组织部位中的荧光定量分析

注：不同小写字母表示差异显著（*P*＜0.05）。

为了进一步确认 *PHYB* 基因与蜡质之间是否存在关系，本试验将黄瓜 Cucumber（Gy14）v2 库中筛选出来的蜡质相关基因的表达量在 *phyb* 突变体和黄瓜品种 9930 两个转录组中进行比较，结果发现，部分基因的表达量存在差异（图 4.22），说明 *PHYB* 基因可能也参与蜡质调控机制。

### 4.4.7 黄瓜 *CsCOL5* 基因的功能验证

#### 4.4.7.1 gRNA 靶点的设计

Cas9 敲除载体的构建首先要确认 gRNA，本试验设计的两个 gRNA 靶点都在 exon 1 上，如图 4.23 所示为黄瓜 *CsCOL5* 基因和靶点的示意图，分别展

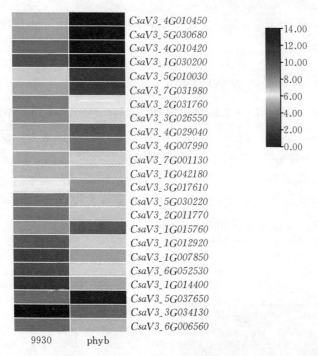

图 4.22　蜡质相关基因在黄瓜品种 9930 和 *phyb* 突变体中的表达量

注：右侧数值指的是以 2 为底数的基因表达量的对数值。

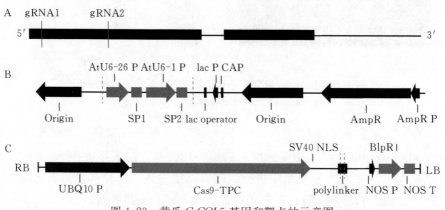

图 4.23　黄瓜 *CsCOL5* 基因和靶点的示意图

示了靶点的位置（图 4.23A）和 Cas9 载体的构建示意图（图 4.23B、C）。Origin 为复制起点；AtU6 - 26/1 为拟南芥 U6 - 26/1 启动子；SP1 为 gRNA1；SP2 为 gRNA2；lac operator 为乳糖操纵子；lac P 为乳糖操纵子启动子；CAP 为 CAP 结合位点；AmpR 为氨苄青霉素基因；AmpR P 为氨苄青霉素基因启

动子；RB/LB 为 T - DNA 的右/左边界；UBQ10 P 为南芥的 UBIQUITIN10
启动子；Cas9 - TPC 为 Cas9 的编码区；SV40NLS 为核转运信号肽 SV40；
polylinker 为多克隆位点；BlpR 为除草剂 Basta 抗性基因；NOS P/T 为胭脂
碱合酶启动子/终止子。

使用 gRNA 靶点体外酶切验证和 gRNA 体外转录试剂盒将 *CsCOL5* 基因
的 gRNA1 进行体外酶切验证。凝胶电泳检测条带显示，gRNA1 可以将所设
计的底物 DNA 切割为 150 bp 和 280 bp 的片段（图 4.24）。

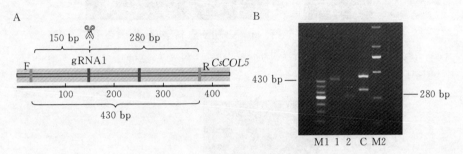

图 4.24　gRNA 体外酶切验证

注：M1 为 400 Marker；M2 为 2 000 Marker；C 为阳性对照；1 为 DNA 模板；2 为 gRNA1 体外
酶切。

### 4.4.7.2　构建 Cas9 敲除载体

使用 *Bbs* I 切割 tandem 载体，将 gRNA1 转入载体，然后使用 M13R＋
gRNA1F 为引物扩增出 300 bp 片段，说明 gRNA1 成功转入。提取质粒，同
理将 gRNA2 转入 Tandem 载体，然后使用 gRNA1F＋gRNA2R 为引物扩增出
500 bp 片段，说明 gRNA2 成功转入 Tandem 载体（图 4.25）。

同时使用限制性内切酶 *Spe* I 和 *Kpn* I 切割并胶回收 tandem 载体中包含
gRNA1 和 gRNA2 的片段，将 Csa9 质粒和 tandem 载体中包含 gRNA1 和
gRNA2 的片段使用限制性内切酶 *Spe* I 和 *Kpn* I 切割，琼脂糖凝胶电泳后使
用胶回收试剂盒收集目的片段，用 T4 连接酶连接转入 Csa9 载体，并使用
gRNA1F＋gRNA2R 为引物进行菌液 PCR 验证，条带大小为 500 bp，与目的
条带大小一致，说明成功构建 Csa9 敲除载体（图 4.26）。

提取 Cas9 载体质粒转化农杆菌，挑取单克隆菌落进行菌液 PCR 来验证载
体是否成功转化农杆菌，条带与目标条带大小一致，说明成功转化农杆菌。

### 4.4.7.3　转基因侵染

黄瓜转基因过程包括播种、侵染、共培养、生根和炼苗等一系列试验，这
一过程使用黄瓜品种 9930 种子为材料进行农杆菌介导的遗传转化，在抗性筛

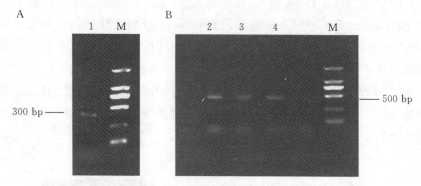

图 4.25　Tandem 载体菌液 PCR 验证

注：M 为 2 000 Marker；1 为 Tandem - gRNA1 菌液（300 bp）；2～4 为 Tandem - gRNA1＋gRNA2 菌液（500 bp）。

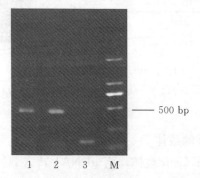

图 4.26　Cas9 敲除载体菌液 PCR 鉴定

注：M 为 2 000 Marker；1～3 为 Cas9 菌液（500 bp）。

选培养基上筛选出阳性植株。

### 4.4.7.4　转基因植株验证

（1）Sanger 测序验证编辑的序列。将转基因株系植株进行 Sanger 测序，验证编辑情况。试验结果表明，本试验获得了 5 个含有 gRNA1 - gRNA2 - CAS9 构建体的转基因株系，并在 col5 - 4 植株中检测到大片段缺失（图 4.27E），在 gRNA1 靶位点检测到 3 个突变（图 4.27A、B）和在 gRNA2 靶位点检测到 4 个突变（图 4.27C、D），其中浅灰色框代表插入碱基，黑色框代表缺失碱基，虚线框代表 PAM 结构。

（2）CsCOL5 基因和 CsCER1 基因表达量测定。为了确认转基因株系中 CsCOL5 基因的相对表达量是否受到影响，本试验对所获得的敲除系和野生型株系做了荧光定量试验，如图 4.28 所示，荧光定量结果表明，CsCOL5 基因

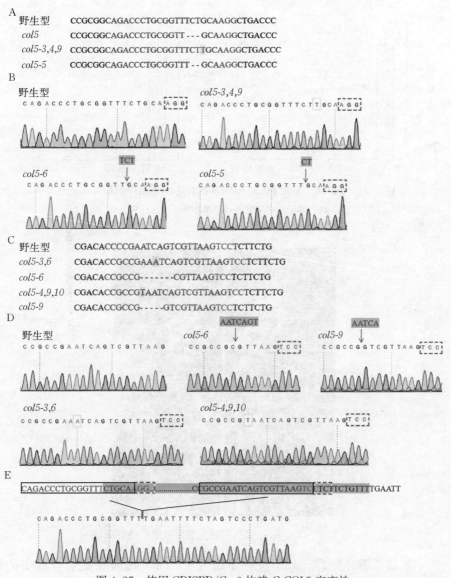

图 4.27　使用 CRISPR/Cas9 构建 *CsCOL5* 突变株

在敲除株系中的相对表达量受到了抑制，下降了约 87% （图 4.28A）。同时，荧光定量试验还发现，在 Cas9 - *CsCOL5* 株系的果实中 *CsCER1* 基因的相对表达量也受到明显抑制，下降了约 97.5% （图 4.28B）。

（3）表型观察。观察转基因敲除株系和黄瓜品种 9930 花后 23 d 的果皮，发现果皮表面有明显变化，Cas9 - *CsCOL5* 敲除株系的表皮油亮有光泽，果皮为亮绿色，野生型黄瓜果皮颜色较暗，表皮覆盖一层白色蜡霜（图 4.29）。

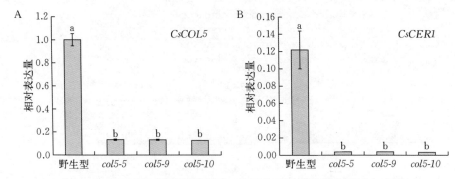

图 4.28  *CsCOL5* 基因和 *CsCER1* 基因在不同株系中的相对表达量

注：不同小写字母表示差异显著（$P<0.05$）。

图 4.29  *col5* 敲除株系和野生型黄瓜果皮外观观察

（4）蜡质成分分析。为了进一步研究 *CsCOL5* 基因在蜡质合成中的作用，本试验运用气质联用的方法分析了不同敲除株系与野生型黄瓜果实表皮的组成成分及其含量。如图 4.30 所示，*col5* 敲除株系的蜡质总含量下降了 84%～86%，与荧光定量结果一致，*CsCOL5* 基因的表达量减少，蜡质含量也随之降低，尤其是烷类含量也下降了 83%～87%，并且烷类物质中链长为 C29 的蜡质成分下降尤为显著；醇类和酚类物质含量下降显著，分别下降了 86%～90%。这一结果说明，*CsCOL5* 基因在调控蜡质合成过程中起着关键的作用。

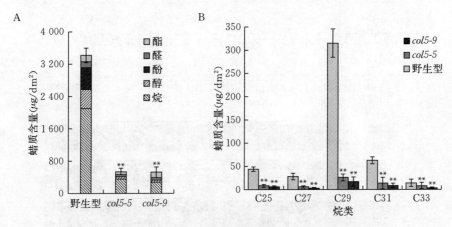

图 4.30　不同转基因株系的蜡质组成分析

注：＊＊表示差异极显著（$P<0.01$）。

## 4.4.8　讨论

本试验经过 CRISPR/Cas9 载体构建的方式，得到了 Cas9 - CsCOL5 敲除株系，对 5 株 col5 株系进行基因型分析，共得到了 1 个大片段缺失突变、3 个 gRNA1 靶点突变和 4 个 gRNA2 靶点突变。使用荧光定量对转基因植株进行鉴定，发现 *CsCOL5* 基因表达量显著降低，并且 *CsCOL5* 的靶基因 *CsCER1* 的表达量也大幅度下降。在黄瓜果实中，由于 *CsCOL5* 的敲除导致 *CsCER1* 基因的表达量降低，进而使得烷类物质含量降低了 83%～87%，说明 *CsCOL5* 基因对 *CsCER1* 基因有调控作用，是蜡质合成过程中的正调控基因。

## 4.5　*CsWAX2* 基因的克隆与功能分析

### 4.5.1　*CsWAX2* 基因序列分析

*CsWAX2*（*Csa020530*）与 *AtWAX2* 基因的一致性达到了 68.35%，全长为 5 175 bp，与 *AtWAX2* 相同，含有 11 个外显子和 10 个内含子（图 4.31A）。*CsWAX2* 基因的 cDNA 全长为 2 388 bp，其中 5′非翻译区长为 353 bp、3′非翻译区长为 157bp、开放阅读框（ORF）长为 1 878 bp，编码了 1 条由 626 个氨基酸组成的多肽。

CsWAX2 蛋白的 N 端含有一个脂肪酸羟化酶区域（381～750 bp），C 端含有一个被命名为 WAX2 - C 但是功能未知的区域（1 353～1 863 bp），此区域含有一个保守的 LEGW 序列组件（Islam et al.，2009）。由 TMHMM 分析得出，CsWAX2 蛋白含有 6 个跨膜区域，说明 CsWAX2 蛋白有可能是一个跨膜蛋白（图 4.31B）。

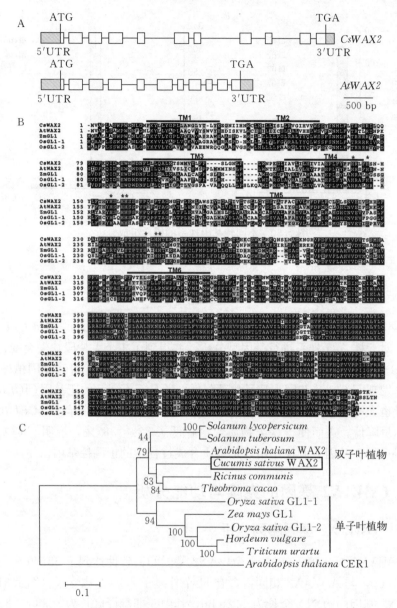

图 4.31 *CsWAX2* 基因的序列及进化树分析

注：图 A 为 *CsWAX2* 基因和 *AtWAX2* 基因结构比对。白色框和黑线部分分别代表外显子和内含子。灰色框代表非翻译区。Cs 表示黄瓜；At 表示拟南芥。图 B 为 CsWAX2 蛋白和其他同源蛋白的序列分析。由 CLUSTAL W 和 BOXSHADE 软件分析。＊标注的是保守的富含组氨酸的组件。线条指示的是 6 个跨膜区域（TM1～TM6）。由 TMHMM 程序分析。图 C 为 CsWAX2 蛋白和其他同源蛋白的进化树分析。进化树运用 MEGA5 软件的邻接法。标尺＝0.1。

CsWAX2 蛋白与其他物种（如拟南芥、水稻、玉米）中的同系物进行比对，一致性为 63.05％～68.35％，其中 CsWAX2 与 AtWAX2 的一致性最高（图 4.31B）。这些蛋白都含有 3 个富含组氨酸的组件（$HX_3H$、$HX_2HH$ 和 $HX_2HH$，其中 X 代表任何氨基酸），这些组件共同组成了对固醇脱饱和酶活性起关键作用的脂肪酸羟化酶区域。

为了进一步了解 CsWAX2 与其他 WAX2 同系物之间的进化关系，通过邻接法构建了系统发育，其中包含拟南芥、水稻、玉米等 13 个物种中的 15 个 CsWAX2 相关蛋白（图 4.31C）。WAX2 家族的进化树含有两个亚组：双子叶植物组和单子叶植物组。CsWAX2 与 AtWAX2 处于同一进化枝。以上分析表明，CsWAX2 属于 WAX2 家族。

## 4.5.2　CsWAX2 基因表达模式与亚细胞定位分析

通过荧光定量 PCR，分析了 CsWAX2 基因在黄瓜不同组织中的表达（图 4.32A）。结果表明，CsWAX2 基因在各个部位均有表达，其中，在果实表皮和茎表皮的相对表达量分别明显高于果实与茎。除此以外，CsWAX2 基因在根中也有表达。为了进一步了解 CsWAX2 基因的表达部位，做了果实、茎和雄花部分的原位杂交试验。结果表明，CsWAX2 基因在果实表皮和茎表皮中特异表达，除此之外，在花粉中的表达量也很高（图 4.32B）。为了研究 Cs-WAX2 蛋白的亚细胞定位，将含有 GFP–CsWAX2 结构的载体与内质网标识物 mCherry–HDEL 共同转入洋葱的表皮细胞中。结果表明，GFP 信号与内质网标志物共定位，表明 CsWAX2 蛋白定位在内质网上（图 4.32C）。

## 4.5.3　非生物胁迫可诱导 CsWAX2 基因转录

为了分析 CsWAX2 基因对非生物胁迫是否有响应，将生长至三叶一心的黄瓜用于不同的胁迫处理，如低温、干旱、ABA 处理以及不同浓度的 NaCl 溶液处理。当植物放在 12 ℃低温环境中 24 h 和 48 h 时，相对于对照植株，Cs-WAX2 基因的相对表达量分别增加了 9 倍和 7 倍（图 4.33A）。干旱可以迅速诱导 CsWAX2 基因的表达，当处理 3 h 时，CsWAX2 基因的相对表达量上调了 80 倍（图 4.33B）。CsWAX2 基因响应盐胁迫试验中，CsWAX2 基因的相对表达量与处理时间及 NaCl 浓度成正比关系（图 4.33C）。当用 150 mmol/L NaCl 溶液灌溉 7 d 时，CsWAX2 基因的相对表达量是对照植株的 13 倍。除此之外，ABA 处理也会诱导 CsWAX2 基因的表达，当处理 4 h 和 24 h，CsWAX2 基因的相对表达量分别达到了对照的 2 倍和 7 倍（图 4.33D）。以上结果表明，Cs-

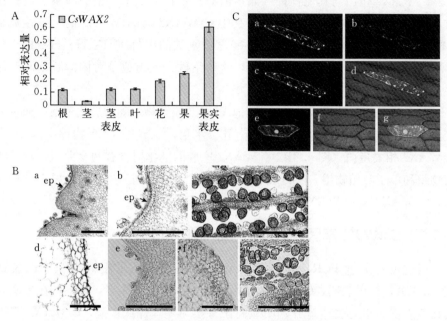

图 4.32　CsWAX2 基因的表达及定位分析

　　注：图 A 为 CsWAX2 基因在黄瓜不同组织部位的荧光定量 PCR 分析。黄瓜 TUA 基因作为内参基因，误差线代表 3 次生物学重复的标准偏差。图 B 为 CsWAX2 基因在黄瓜幼果（a、b）、花粉（c）、茎（d）中的原位杂交分析。e～g 中正义探针显示无信号。箭头所示为 CsWAX2 基因主要在表皮和花粉中表达。ep 表示表皮，标尺＝200 μm。图 C 为 CsWAX2 蛋白在洋葱表皮细胞中的定位。35S：GFP－CsWAX2 定位于内质网（a～d）。空载 35S：GFP 遍布整个细胞（e～g）。

WAX2 基因的转录水平可以被非生物胁迫调节。

## 4.5.4　CsWAX2 基因能部分恢复拟南芥 wax2 突变体的表型与表皮特性

　　在之前的研究中，AtWAX2 基因主要作用于烷类的合成，其突变体烷类合成途径中的产物含量大幅度减少。为了验证 CsWAX2 基因的功能，构建了 CsWAX2 基因的过表达载体，转入拟南芥 wax2 突变体中（图 4.34A）。在获得的转基因株系中，CsWAX2 基因的表达能部分抑制拟南芥 wax2 突变体表皮光滑的表型。与野生型相比，wax2 突变体的茎呈亮绿色，当 CsWAX2 基因在突变体中异位表达时，转基因株系的茎与野生型一样呈灰白（图 4.34B）。扫描电子显微镜观察结果进一步证实了这一点。在 wax2 突变体中，茎表面的蜡质晶体与野生型相比明显减少。而 wax2 突变体中 CsWAX2 基因过表达可以抑制这一表型（图 4.34C）。

　　为了进一步了解 CsWAX2 基因异位表达对蜡质合成的影响，用气质联用

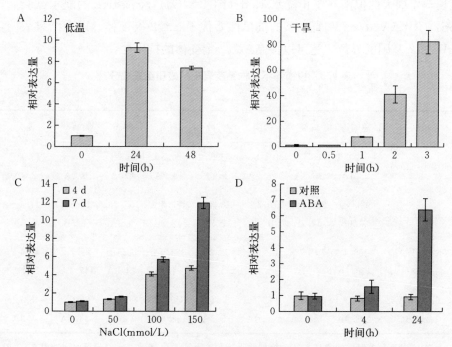

图 4.33　*CsWAX2* 基因在不同非生物胁迫下的表达分析

注：图 A 为低温对黄瓜中 *CsWAX2* 基因转录水平的影响。图 B 为干旱对黄瓜中 *CsWAX2* 基因
转录水平的影响。图 C 为不同浓度 NaCl 溶液对 *CsWAX2* 基因转录水平调节的荧光定量 PCR 分析。
图 D 为 ABA 处理对 *CsWAX2* 基因转录水平调节的荧光定量 PCR 分析。黄瓜 *TUA* 基因作为内参基
因，误差线代表 3 次生物学重复的标准偏差。

（GC-MS）方法分析了不同株系的表皮蜡质组成（表 4.3）。结果表明，在
*wax2* 突变体中，烷类合成途径中各个产物的含量大量减少，烷类的总量下降
到了野生型植株的 35.5%，其中 C29 烷减少尤为明显。在 *wax2* 突变体中，
表达 *CsWAX2* 基因可以部分恢复烷类途径中各产物的量，其中烷类的含量显
著恢复，分别为野生型的 93.2% 和 85.8%（图 4.34D）。进一步研究了 *Cs-
WAX2* 基因的异位表达是否会影响转基因植株的表皮蒸腾速率，结果表明，
在 *wax2* 突变体中异位表达 *CsWAX2* 基因可以降低转基因植株的表皮蒸腾速
率（图 4.34E）。除此之外，还将不同株系的叶片浸泡在 80% 乙醇中检测叶绿
素浸提速率，结果表明，突变体的叶绿素浸提速率要高于野生型，而 *Cs-
WAX2* 的转基因植株的叶绿素浸提率与野生型相似（图 4.34F）。这些数据表
明，在 *wax2* 突变体中异位表达 *CsWAX2* 基因可以恢复植株的表皮渗透性。
前人研究表明，表皮渗透性与植株的抗旱能力密切相关，因此将在最适条件下

生长至 4 周大的拟南芥停止浇水 15 d（图 4.34G）。经过 15 d 的缺水试验后，35S：*CsWAX2wax2* 和野生型的抗旱性要优于 *wax2* 突变体。以上结果表明，*CsWAX2* 基因的异位表达可以提高 *wax2* 突变体的抗旱性。

**表 4.3 拟南芥不同株系茎表皮的蜡质组成成分**

单位：$\mu g/dm^2$

| 植株 | 总蜡量 | 烷类 | 醛类 | 仲醇 | 酮类 | 醇类 | 脂肪酸 | 酯类 |
|---|---|---|---|---|---|---|---|---|
| 野生型（Ler） | 1 652.3± 95.1A | 806.2± 35.5A | 172.8± 25.7A | 58.9± 2.1A | 400.3± 19.7A | 96.9± 4.0A | 74.9± 6.1A | 42.4± 2.3A |
| *wax2* | 668.5± 91.6B | 286.6± 47.7B | 79.6± 10.8B | 18.3± 2.8B | 139.6± 12.8B | 106.8± 9.3A | 10.5± 2.5B | 44.4± 6.5A |
| 35S：*CsWAX2* *wax2*-1 | 1 450.1± 158.7A | 751.6± 71.1A | 148.6± 8.1A | 52.2± 5.7A | 364.0± 34.1A | 86.1± 14.9A | 69.7± 17.1A | 41.4± 4.3A |
| 35S：*CsWAX2* *wax2*-2 | 1 385.6± 223.9A | 692.1± 132.1A | 142.7± 20.3A | 53.9± 5.3A | 349.3± 34.6A | 95.0± 15.1A | 69.0± 11.5A | 43.7± 5.8A |

注：单位面积上蜡质的含量是 3 个植株的平均值。不同大写字母表示差异极显著（$P < 0.01$，Duncan's 检验）。

### 4.5.5 *CsWAX2* 转基因黄瓜的构建及表型描述

为了进一步研究 *CsWAX2* 基因在黄瓜中的功能，分别构建了 *CsWAX2* 基因干扰和过量表达载体，并通过黄瓜遗传转化技术成功获得转基因株系。与野生型黄瓜相比，*CsWAX2* 基因在 *CsWAX2* 基因过表达株系中有更高的转录水平，而在 *CsWAX2* 基因干扰表达株系中的转录水平较低（图 4.35A）。观察果实表型可以看出，*CsWAX2* 基因干扰表达株系的果实比野生型更加亮绿（图 4.35B）。

通过表皮蒸腾速率试验和叶绿素浸提试验验证 *CsWAX2* 基因异常表达是否会影响转基因的表皮特性。与野生型相比，*CsWAX2i*-2 拥有更高的表皮蒸腾速率和叶绿素浸提率，而 *CsWAX2ox*-6 呈现出的表型则与 *CsWAX2i*-2 相反（图 4.35C、D）。除此之外，将在最适条件下生长至三叶一心的黄瓜用于干旱试验，当黄瓜持续失水 10 d 后，WT 的 *RWC* 为 50%，而 *CsWAX2i*-2 的幼苗呈现出萎蔫的状态，*RWC* 为 36%，*CsWAX2ox*-6 的状态比野生型和 *CsWAX2i*-2 都要良好，*RWC* 也维持在 55%（图 4.35E、F）。

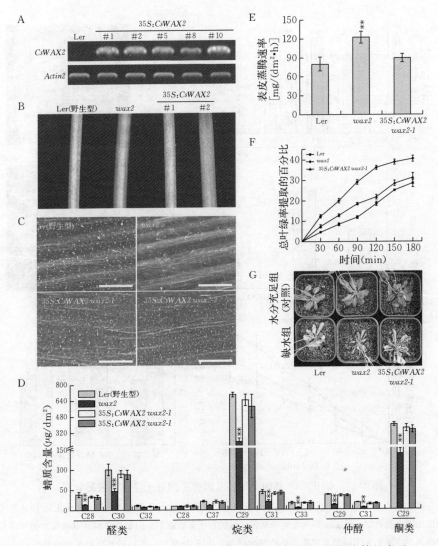

图 4.34　异位表达 *CsWAX2* 基因可部分恢复拟南芥 *wax2* 突变体的表型

注：图 A 为 *CsWAX2* 在转基因拟南芥中的半定量 PCR。拟南芥 *Actin2* 用作内参基因。图 B 为生长 5 周不同株系的茎的表型。图 C 为图 B 中茎表面的蜡质晶体结构。标尺＝20 μm。图 D 为不同转基因株系茎的蜡质成分分析。单位为 μg/dm²，横轴表示碳链长。＊、＊＊表示显著性差异（＊ *P*＜0.05，＊＊ *P*＜0.01，Duncan's 检验）。图 E 为不同转基因株系的角质蒸腾速率。图 F 为不同转基因株系的叶绿素浸提速率。图 G 为不同转基因株系的抗旱性试验。植物连续干旱 15 d。

## 4.5.6　*CsWAX2* 基因异常表达影响了黄瓜的表皮蜡质及角质层成分

果实表皮表型的变化促使进一步探索不同株系果实表皮蜡质晶体和角质层

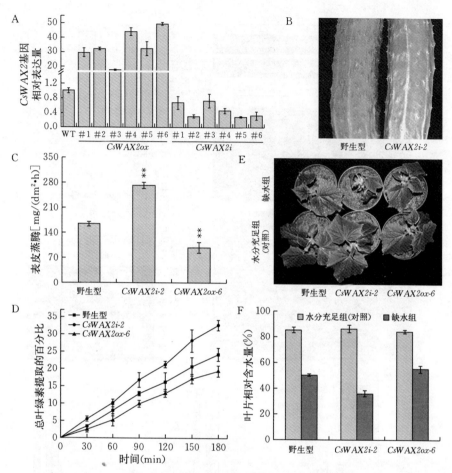

图 4.35　*CsWAX2* 基因黄瓜转基因株系的分子鉴定及表型分析

注：图 A 为 *CsWAX2* 基因在不同株系中的表达量分析。图 B 为 *CsWAX2i* 株系花后 15 d 果实表皮比野生型更加光滑。图 C 为不同转基因株系的角质蒸腾速率。图 D 为不同转基因株系的叶绿素浸提速率。图 E 为不同转基因株系的抗旱性试验。图 F 为图 E 中不同转基因株系的叶片相对含水量。误差线表示 3 个生物学重复的标准偏差，*、** 表示显著性差异（* $P < 0.05$，** $P < 0.01$，Duncan's 检验）。

的超微结构不同株系之间的差异。扫描电子显微镜结果表明，与野生型相比，*CsWAX2i* 的果实表皮几乎不覆盖蜡质晶体，而 *CsWAX2ox* 果实表皮的蜡质晶体比野生型更加稠密（图 4.36A~F）。除此之外，透射电子显微镜（TEM）结果表明，与野生型相比，转基因株系的果实角质层厚度也发生了改变。*CsWAX2i* 和 *CsWAX2ox* 的角质层厚度都明显增加（图 4.36G~I）。

　　为了研究不同株系之间蜡质含量及成分的变化，用 GC - MS 分别对不同

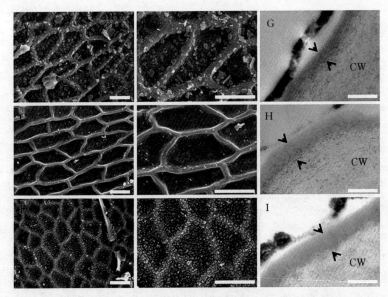

**图 4.36 CsWAX2 对花后 15 d 果实上蜡质沉积的影响**

注：野生型（A、B）、CsWAX2i-2（C、D）和 CsWAX2ox-6（E、F）中果实蜡质晶体差异。标尺＝20 μm。野生型（G）、CsWAX2i-2（H）和 CsWAX2ox-6（I）中果实表皮角质层。CW 表示细胞壁，标尺＝500 nm。

株系的果实、茎和叶的蜡质组成进行了分析（表 4.4、表 4.5、表 4.6）。GC-MS 结果表明，果实中 CsWAX2i-2 和 CsWAX2i-5 的蜡质总量分别为野生型的 48.3% 和 50.2%，而 CsWAX2ox-4 和 CsWAX2ox-6 的蜡质总量为野生型的 121.9% 和 128.6%（表 4.4）。其中烷类的变化尤为明显，在 CsWAX2i-2 和 CsWAX2i-5 中，烷类分别减少到野生型的 20.6% 和 19.6%，而 CsWAX2ox-4 和 CsWAX2ox-6 中增加到野生型的 148.7% 和 157.0%，其中 C29～C31 的烷类变化极大（图 4.37A）。

**表 4.4 各个黄瓜株系果实表皮的蜡质组成**

单位：μg/dm$^2$

| 植株 | 总蜡量 | 烷类 | 酯类 | 烯烃 | 酚类 | 脂肪酸 | 醛类 | 仲醇 |
|---|---|---|---|---|---|---|---|---|
| 野生型 | 129.2± 11.9A | 59.6± 5.3A | 2.8± 0.4A | 2.0± 0.3A | 3.9± 0.6A | 27.4± 1.0A | 29.0± 5.3A | 4.5± 1.0A |
| CsWAX2i-2 | 66.8± 8.8C | 12.3± 0.8C | 8.1± 0.6B | 0.6± 0.1B | 1.7± 0.2B | 29.9± 4.7A | 13.4± 2.8B | 1.0± 0.2B |

（续）

| 植株 | 总蜡量 | 烷类 | 酯类 | 烯烃 | 酚类 | 脂肪酸 | 醛类 | 仲醇 |
|---|---|---|---|---|---|---|---|---|
| CsWAX2i-5 | 64.4±6.7C | 11.7±0.8C | 8.3±0.7B | 0.6±0.1B | 1.6±0.2B | 29.3±2.6A | 12.1±3.0B | 1.0±0.1B |
| CsWAX2ox-4 | 157.5±13.7AB | 88.6±8.0B | 2.6±0.2A | 2.0±0.5A | 4.2±0.1A | 26.5±1.3A | 30.2±6.8A | 4.6±0.4A |
| CsWAX2ox-6 | 166.2±16.0B | 93.6±7.4B | 2.3±0.1A | 2.2±0.3A | 4.5±0.2A | 27.3±5.9A | 31.8±4.8A | 5.2±1.5A |

注：单位面积上的蜡质含量是 3 个植株的平均值。不同大写字母表示差异极显著（$P<0.01$，Duncan's 检验）。

在茎中，CsWAX2i-2 和 CsWAX2i-5 的蜡质总量分别降低到野生型的 70.3％和 65.7％（表 4.5）。而 CsWAX2ox-4 和 CsWAX2ox-6 的蜡质总量较野生型有大幅度升高，分别达到了野生型的 147.8％和 160.2％。其中，烷类的量起到了决定性的作用，从碳链长度分析结果米看，碳链长为 C25～C29 的烷变化较为明显（图 4.37B）。

**表 4.5 各个黄瓜株系茎表皮的蜡质组成**

单位：$\mu g/dm^2$

| 植株 | 总蜡量 | 烷类 | 酯类 | 烯烃 | 酚类 | 脂肪酸 | 醛类 | 仲醇 |
|---|---|---|---|---|---|---|---|---|
| 野生型 | 157.8±20.7A | 129.2±11.9A | 2.2±0.6A | 1.3±0.2AB | 4.6±0.7A | 9.5±1.8A | 13.3±2.9AB | 15.8±3.2A |
| CsWAX2i-2 | 110.9±19.4C | 69.9±10.2C | 10.0±1.9B | 0.2±0.1A | 1.8±0.3B | 12.5±3.3A | 7.1±2.5AB | 9.3±2.1AB |
| CsWAX2i-5 | 103.6±16.1C | 68.2±10.5C | 9.7±1.5B | 0.2±0.1A | 1.7±0.2B | 10.3±1.6A | 6.3±1.0A | 7.1±1.4B |
| CsWAX2ox-4 | 233.2＋25.4AB | 189.5±15.7B | 0.7±0.1A | 2.6±0.9BC | 4.4±0.3A | 8.6±1.8A | 14.0±3.7B | 13.5±3.9AB |
| CsWAX2ox-6 | 252.8±34.9B | 207.2±25.8B | 0.7±0.1A | 3.4±1.0C | 4.8±0.4A | 8.2±2.2A | 12.4±2.6AB | 16.2±2.7A |

注：单位面积上的蜡质含量是 3 个植株的平均值。不同大写字母表示差异极显著（$P<0.01$，Duncan's 检验）。

在叶片中，CsWAX2i-2 和 CsWAX2i-5 的单位面积蜡质含量为 84.4 $\mu g/dm^2$ 和 71.4 $\mu g/dm^2$，相当于野生型的 47.3％和 40.0％（表 4.6）。而

$CsWAX2ox$ - 4 和 $CsWAX2ox$ - 6 的单位面积蜡质含量分别升高到 532.9 $\mu g/dm^2$ 和 601.0 $\mu g/dm^2$，相当于野生型的 298.9% 和 337.1%。在众多蜡质成分中，烷类在不同株系之间的变化最大，在 $CsWAX2i$ - 2 和 $CsWAX2i$ - 5 中分别减少了 59.1% 和 69.3%，在 $CsWAX2ox$ - 4 和 $CsWAX2ox$ - 6 中分别增加了 322.2% 和 376.7%，这些变化主要是 C25 ～ C29 烷的变化造成的（图 4.37C）。

### 表 4.6　各个黄瓜株系叶表皮的蜡质组成

单位：$\mu g/dm^2$

| 植株 | 总蜡量 | 烷类 | 酯类 | 烯烃 | 酚类 | 脂肪酸 | 醛类 | 仲醇 |
|---|---|---|---|---|---|---|---|---|
| 野生型 | 178.3±24.0A | 110.3±10.2A | 8.3±1.2A | 0.2±0.1A | 3.1±0.1AB | 13.8±3.8A | 27.5±6.4AB | 15.1±2.3B |
| $CsWAX2i$ - 2 | 84.4±18.0B | 45.1±8.7B | 1.4±0.6B | 0.1±0.1A | 1.5±0.3A | 15.5±3.0A | 15.3±4.4AB | 5.6±1.9A |
| $CsWAX2i$ - 5 | 71.4±13.5B | 33.9±7.0B | 0.8±0.3B | 0.1±0.1A | 1.8±0.5A | 15.7±1.1A | 14.2±2.9A | 4.9±2.3A |
| $CsWAX2ox$ - 4 | 532.9±29.2C | 465.7±19.0C | 0.1±0.1B | 1.8±0.1B | 6.3±1.5B | 12.7±5.3A | 27.2±3.9AB | 19.2±0.7BC |
| $CsWAX2ox$ - 6 | 601.0±56.1C | 525.5±40.7D | 0.1±0.1B | 1.8±0.4B | 7.0±2.9B | 14.6±2.9A | 28.3±5.9B | 23.4±4.6C |

注：单位面积上的蜡质含量是 3 个植株的平均值。不同大写字母表示差异极显著（$P<0.01$，Duncan's 检验）。

除此之外，果皮中的角质被提取和分析。结果表明，角质组成在不同株系之间存在明显差异。其中，$CsWAX2i$ 中每毫克干表皮中所含的角质含量与野生型相比减少了 41.1%（图 4.37D），这主要是由于脂肪酸含量减少造成的。而野生型中的脂肪酸含量占到了角质总量的 51.9%，其他角质单体也受到了不同程度的影响。相反，$CsWAX2ox$ 的角质含量上明显升高，增加了 56.8%。这主要是脂肪酸含量的增加造成的，其中 C16 和 C26 增加尤为明显。除此之外，其他角质成分也受到了不同程度的影响。以上试验结果说明，$CsWAX2$ 基因不仅在蜡质合成中起作用，而且在角质的合成中起作用。

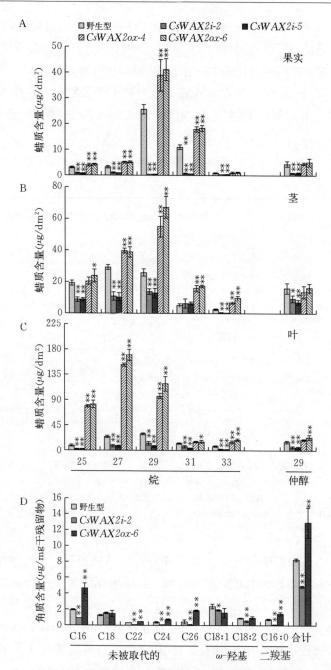

图 4.37　不同株系中 *CsWAX2* 基因对表皮蜡质及角质的影响

注：图 A 为花后 15 d 果实表皮蜡质中烷和仲醇的组成。图 B 为茎表皮蜡质中烷和仲醇的组成。图 C 为叶表皮蜡质中烷和仲醇的组成。图 D 为花后 15 d 果实表皮角质的组成分析。误差线表示 3 个生物学重复的标准偏差，*、**表示显著性差异（*$P<0.05$，**$P<0.01$，Duncan's 检验）。

### 4.5.7 *CsWAX2* 基因异常表达使得转基因株系育性降低

观察转基因植株可以发现，*CsWAX2* 基因干扰表达株系与 *CsWAX2* 基因过量表达株系果实中的种子数量少于野生型（图 4.38A、表 4.7），表明 *CsWAX2i* 和 *CsWAX2ox* 株系的育性较野生型明显降低。花粉由一层含油层包裹，而含油层中含有烷类及其衍生物。拟南芥 *wax2* 突变体的花粉中由于缺失了含油层及孢子花粉素，其育性相对野生型花粉明显降低。因此，推断 *CsWAX2* 转基因黄瓜的育性降低也是由于这个方面造成的。TEM 结果表明，转基因花粉的含油层中的油脂含量与野生型花粉差异明显。与野生型相比，*CsWAX2* 过量表达株系花粉粒含油层中的油脂滴明显变多，而 *CsWAX2* 干扰表达株系花粉含油层中几乎不存在油脂滴（图 4.38B）。因此，推断转基因黄瓜的育性降低现象是由于花粉功能失调造成的。为了验证这个假设，将花粉用 TTC 染色来检验不同株系的花粉活性（图 4.38C）。结果表明，无论是 *CsWAX2i* 株系还是 *CsWAX2ox* 株系，它们的花粉活性明显低于野生型。除此之外，畸形无活性的花粉所占的比例比野生型高。

**表 4.7 各个黄瓜株系的育性调查**

| 植株 | 果重（g） | 种子数量（粒） | 百粒重（g） |
|---|---|---|---|
| 野生型 | 821.0±19.1B | 203.5±19.5C | 2.6±0.1A |
| *CsWAX2i-2* | 705.3±27.0A | 56.2±6.7A | 2.4±0.2A |
| *CsWAX2ox-6* | 782.4±21.8B | 127.9±22.3B | 2.3±0.3A |

注：各个数值是 10 个果实的调查平均值。不同大写字母表示差异极显著（$P<0.01$，Duncan's 检验）。

对花粉的萌发率及萌发管长度进行了测验。*CsWAX2i* 株系的萌发率为 66.7%，要低于野生型的 87.6%，而 *CsWAX2ox* 株系的萌发率最低，仅为 57.1%（图 4.38D）。萌发管长度测量结果表明，*CsWAX2i* 株系的萌发速率要明显低于野生型，仅为野生型的 68.6%，而 *CsWAX2ox* 株系的萌发管伸长速率较野生型则没有太大的差别（图 4.38E、F）。以上结果表明，*CsWAX2* 基因异常表达影响了花粉功能。

### 4.5.8 *CsWAX2* 基因异常表达对果实特性的影响

黄瓜作为一种重要的经济作物，转基因株系在耐储性和果实抗病性方面的变化尤为关键。果实失水率与黄瓜耐储性有着密不可分的关系，与幼苗失水结果相似，*CsWAX2i* 的果实失水率要比野生型高，而 *CsWAX2ox* 的果实失水率要比野生型低。当野生型的失水率达到 14.1% 时，*CsWAX2i* 株系的失水量为 21.8%，而 *CsWAX2ox* 株系的失水量仅为 12.1%（图 4.39A）。

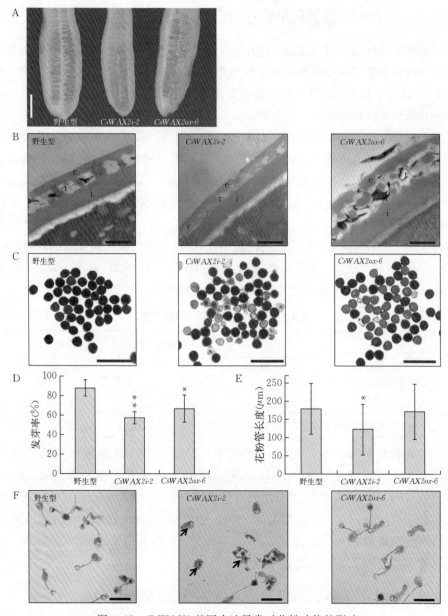

图 4.38 *CsWAX2* 基因表达异常对花粉功能的影响

注：图 A 为不同株系黄瓜的接种率。图 B 为投射显微镜下花粉结构。e 表示外壁；i 表示内壁；t 表示含油层。标尺=1 μm。图 C 为不同株系花粉的 2,3,5-氯化三苯基四氮唑（TTC）染色。标尺= 200 μm。图 D 为不同株系花粉的发芽率。图 E 为不同株系花粉的花粉管平均长度。误差线表示 3 个生物学重复的标准偏差，*、** 表示显著性差异（*P<0.05，**P<0.01，Duncan's 检验）。图 F 为花粉粒的体外萌发。黑色箭头指示的是较短的花粉管。标尺=200 μm。

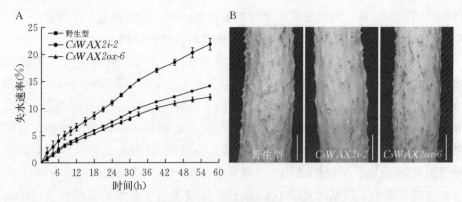

图 4.39　果实失水率及抗病性

注：图 A 为花后 15 d 果实的失水率。果实放置在黑暗环境中以避免气孔开放。误差线为 3 次生物学重复的标准偏差。图 B 为 *CsWAX2* 基因异常表达对果实抗病性的影响。

之前的研究指出，表皮在植物响应病原菌方面起到了关键作用，用最为常见的灰霉病病原菌侵染黄瓜不同株系花后 12 d 的果实。当侵染 2 周后，野生型和 *CsWAX2* 过表达株系的果实表皮可以明显看到病斑的存在。然而，*CsWAX2* 干扰表达株系果实表皮的病斑明显少于野生型（图 4.39B）。以上结果表明，过量表达 *CsWAX2* 基因增加了果实的易感性，而干扰 *CsWAX2* 基因表达降低了果实对灰霉病病原菌的敏感性。

## 4.5.9　讨论

蜡质作为植物与环境之间的第一道屏障，在保护植物免受生物胁迫及非生物胁迫方面起到了关键作用。前人在拟南芥和其他植物包括番茄、水稻、苜蓿等中进行了大量关于蜡质合成及运输方面的工作，黄瓜作为重要的经济作物之一，但其蜡质合成的分子机制知之甚少。在本研究中，克隆并验证了 *CsWAX2* 基因的功能，证明 *CsWAX2* 基因与黄瓜蜡质合成密切相关。

### 4.5.9.1　黄瓜中含有一条新的蜡质合成途径

黄瓜中的蜡质由烷、烯、酯、酚、醇和醛组成（表 4.4）。与拟南芥不同的是，在黄瓜蜡质中没有检测到酮类，取而代之的是检测到两种不同的成分：烯和酚。在之前的研究中，一系列研究证明，蜡质是由超长链脂肪族脂质、三萜、次生代谢物组成的复杂混合物。它的组成和成分在物种及组织之间存在差异（Post – Beittenmiller，1996；Kunst and Samuels，2009）。例如，蒲公英赛醇是景天科物种叶片上和血桐属茎上蜡质的主要成分（Manheim and Mulroy，1978；Manheim et al.，1979），而 δ-香树脂醇是番茄果实蜡质的主要成分（Bauer et al.，2004；Vogg et al.，2004）。根据以上分析，推测在黄瓜蜡质合成途径中存在一种尚没有被鉴定的酚类合成酶，这需要进一步探索。

### 4.5.9.2 *CsWAX2* 基因与黄瓜中蜡质与角质的合成密切相关

前人已对一些 *WAX2* 同系物进行了深入研究。例如，拟南芥的 *AtWAX2*、水稻中的 *OsGL1-1/WSL2* 和 *OsGL1-2*（Chen et al.，2003；Islam et al.，2009；Qin et al.，2011；Mao et al.，2012）。这些基因的功能缺失都可导致表皮上蜡质晶体减少，可见，*WAX2* 同系物在蜡质合成中起到了关键作用。然而，这些基因在蜡质合成中的作用不尽相同。例如，水稻中 *WSL2* 与超长链脂肪酸延伸有关，而拟南芥 *AtWAX2* 则负责蜡质中烷类和超长链脂肪酸的合成。

在此研究中，转基因黄瓜中 *CsWAX2* 异常表达主要影响了烷类途径中蜡质成分的合成（图 4.37A、B、C；表 4.4、表 4.5、表 4.6）。除此之外，*CsWAX2* 基因可以部分抑制拟南芥 *wax2* 突变体的光滑表型（图 4.34B、C）。这些结果说明，*CsWAX2* 基因与蜡质的合成密切相关，其中与烷类的合成最为密切。

角质成分在不同转基因株系之间产生变化，说明 *CsWAX2* 基因异常表达直接影响了角质的组成（图 4.37D）。在之前关于 *AtWAX2* 的研究中，*wax2* 突变体的茎角质层相比野生型变得更厚、更透明。但是，这种变化到底是由于角质单体含量变化造成还是共价键结构的改变造成尚不清楚（Chen et al.，2003）。不仅如此，*WAX2* 的其他同源基因如 *OsGL1-1/WSL2* 和 *OsGL1-2* 的异常表达都同时影响到了蜡质与角质。但是，关于这些基因的相关研究都没有对角质的具体成分变化进行分析（Islam et al.，2009；Qin et al.，2011；Mao et al.，2012）。在此研究中，证明了 *CsWAX2* 基因与黄瓜角质的合成密切相关。在之前的研究中，*wax2* 突变体存在器官融合的现象，同样 *CsWAX2i* 株系中也存在这种现象。以上结果表明，*CsWAX2* 基因同时参与了黄瓜中蜡质与角质的合成。

### 4.5.9.3 *CsWAX2* 基因与黄瓜生物胁迫及非生物胁迫密切联系

蜡质作为表皮的一部分，在隔离植物与环境方面起到了重要作用（Pollard et al.，2008）。在黄瓜中，烷类作为蜡质中的主要成分，占到蜡质总量的 $45\% \sim 85\%$（表 4.4、表 4.5、表 4.6），其作用关键可想而知。其中，蜡质在防止植物非气孔水分缺失，使植物能够适应缺水环境方面起关键作用（Kerstiens，1996；Buda et al.，2013）。当拟南芥遭遇干旱时，其叶片表皮的蜡质含量明显增加（Kosma et al.，2009）。前人在拟南芥、苔藓、大豆中的研究表明，蜡质含量的增加可以增强植株的抗旱性（Aharoni et al.，2004；Buda et al.，2013；Luo et al.，2013）。与此相一致，本研究结果表明，当将转基因植物与野生型用于干旱试验后，蜡质变多的 *CsWAX2ox* 株系表现出了比野生型更强的抗旱力，而蜡质变少的 *CsWAX2i* 株系则对干旱更加敏感（图 4.35E、F）。由于果实失水速率与果实的耐储性直接相关，*CsWAX2ox* 株系表现出优良的耐储性。果实作为黄瓜的主要经济来源，耐储性在维护经济效益方面显得更加重要。

先前研究表明，一些在蜡质合成过程中起作用的基因可以被非生物胁迫诱导（Bourdenx et al.，2011）。的确，NaCl、低温、干旱可诱导 *CsWAX2* 基因表达（图 4.33）。经证实，ABA 可以诱导 *MYB96* 转录因子，而 *MYB96* 可以上调蜡质合成相关基因包括 *WAX2* 的表达（Seo et al.，2011）。在此研究中，*CsWAX2* 基因同样可以被 ABA 诱导，说明在黄瓜中同样存在一条 ABA 调节蜡质合成基因表达的通路。以上结果表明，*CsWAX2* 作为蜡质合成基因，可以被非生物胁迫所诱导。

用 *Botrytis cinerea* 真菌侵染黄瓜显示，*CsWAX2i* 株系中对这种真菌的抵抗力明显高于野生型。而 *CsWAX2ox* 株系则对 *Botrytis cinerea* 抵抗力明显减弱（图 4.39B）。真菌病原菌的萌发和附着胞形成都基于输水的表皮层（Hegde and Kolattukudy，1997）。原因是蜡质中含有可以诱发真菌病原菌萌发和附着胞形成的活性成分（Reisige et al.，2006）。例如，苜蓿的 *irgl / palml* 突变体，由于叶背面的蜡质减少，从而可以抑制炭疽病 *Anthracnose* 的孢子分化（Uppalapati et al.，2012）。同样，大麦的蜡质缺乏突变体可以减少 *Blumeria graminis* 的孢子分生（Zabka et al.，2008），拟南芥 *sma4* 突变体同样抑制 *Botrytis cinerea* 的孢子分生（Tang et al.，2007）。对于 *Botrytis cinerea*，黄瓜表皮是适宜的宿主。从以上分析结果判断，转基因黄瓜表现出的不同程度的抗病能力主要是由黄瓜表皮蜡质含量变化导致的。

### 4.5.9.4　转基因黄瓜花粉活性降低

研究表明，*CsWAX2* 基因在花粉中表达（图 4.32B），使得 *CsWAX2* 基因的异常表达不仅影响了花粉活性，也影响了花粉的萌发率及萌发管伸张速率（图 4.38）。前人研究表明，成熟的花粉表面覆盖有一层含油层，其成分包含有烷类及其衍生物（Preuss et al.，1993；Aarts et al.，1995）。在之前的研究中，*cerl* 表现出了低湿度下雄性不育，其含油层中的油脂滴相对野生型变得更多、更小（Aarts et al.，1995）。此外，拟南芥 *wax2 / cer3* 突变体的含油层和孢粉素都存在缺陷，因此推测除了含油层以外，孢粉素缺乏也可能是造成花粉活性降低的原因之一，在 *CsWAX2* 转基因黄瓜中，花粉含油层和孢粉素含量的变化造成了花粉育性降低的表型。由于含油层与花粉水合作用密切相关

（Preuss et al.，1993），因此花粉萌发异常及种子形成减少很有可能是由花粉的水合作用异常造成的。例如，*cer6-2* 突变体的雄性不育是由于花粉含油层发生变化使得花粉与柱头间相互作用紊乱（Preuss et al.，1993）。花粉管生长是一个伴随有细胞壁快速积累和细胞体积急剧增加的消耗大量能量的过程。例如，百合花单个花粉的呼吸速率是 40～50 fmol ATP/s（Rounds et al.，2011）。之前的研究得出结论：虽然整个花粉管延伸过程属于异养，但是最初的花粉管伸长是自养（Labarca and Loewus，1973）。因此，花粉内一定存在多种物质作为代谢底物支持花粉管伸长。其中，含油层中的脂质就有可能作为代谢物质之一，因此 *CsWAX2i-2* 株系的花粉管长度要明显短于野生型，而这个现象正是由于花粉中缺乏脂质造成的，而 *CsWAX2ox-6* 株系的花粉中存在足够的脂质，从而使花粉管长度与野生型相似。值得注意的是，花粉含油层是由绒毡层细胞合成的，而不是由花粉本身合成的，研究结果表明 *CsWAX2* 基因在花粉中也表达明显（图 4.32B）。因此，推断转基因黄瓜花粉的功能异常不仅是由于含油层变化造成，而且存在其他未知因素。以上研究结果表明，*CsWAX2* 基因的正常表达对维持花粉功能来说至关重要（图 4.38E、F）。

总之，研究表明，*CsWAX2* 基因异常表达主要影响烷烃和角质单体的合成，使转基因植物表现出不同的生物胁迫和非生物胁迫敏感性。此外，*CsWAX2* 基因异常表达也影响花粉的功能。由于黄瓜中烷类占总蜡质含量的45%～85%，因此 *CsWAX2* 基因在黄瓜的蜡质合成中起到了至关重要的作用。

## 4.6　*CsCER10* 基因的克隆与功能分析

### 4.6.1　*CsCER10* 基因生物学信息分析

#### 4.6.1.1　*CsCER10* 蛋白序列比对及进化树分析

*CsCER10* 基因全长 3 948 bp，含有 3 个内含子与 4 个外显子（图 4.40A），有一个开放阅读框，其开放阅读框长度为 933 bp，编码 310 个氨基酸。为了进一步分析 *CsCER10* 基因与其他物种的同源关系，将其与拟南芥、苦瓜、苹果和芦笋的序列进行比对，一致性为 81.61%～93.55%。采用 SMART 工具对蛋白质结构域进行预测，结果表明，黄瓜与其他 4 个物种的蛋白序列均有 6 个跨膜区域且位置相似（图 4.40B）。

构建系统进化树进一步分析 CsCER10 蛋白与其他同源蛋白之间的进化关系。此进化树包含 12 个物种，有拟南芥、苦瓜、芦笋等。其中，*CsCER10* 与 *AtCER10* 基因的亲缘关系较近。此结果说明，*CsCER10* 基因属于与蜡质合成

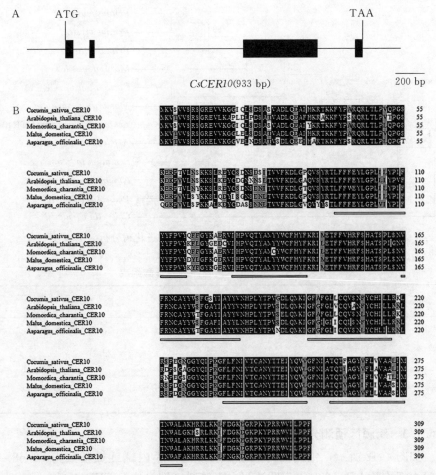

图 4.40 CsCER10 基因结构分析及其与其他同源蛋白序列分析

注：图 A 为 CsCER10 基因的结构分析。黑色框和黑线部分分别代表外显子和内含子。图 B 为 CsCER10 蛋白和其他同源蛋白的序列分析。黑色和灰色分别代表一致和相似残基。横线代表跨膜区域。

的 CER 家族（图 4.41）。

### 4.6.1.2 蛋白质理化性质分析

CsCER10 基因的 cDNA 全长为 933 bp，包含有 1 个开放阅读框，编码了 310 个氨基酸。相对分子质量为 78 827.12，等电点（PI）为 5.09，分子式为 $C_{2\,888}H_{4\,845}N_{933}O_{1\,224}S_{206}$，不稳定系数为 51.76，属于不稳定蛋白，脂肪系数为 25.29，总亲水性为 0.704，为水溶性蛋白。氨基酸组成如表 4.8 所示，丙氨酸与苏氨酸的含量最高。

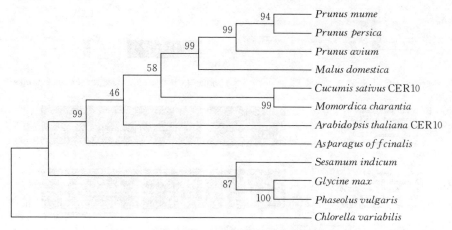

图 4.41　*CsCER10* 基因与不同物种进化树分析

**表 4.8　*CsCER10* 蛋白序列氨基酸组成**

| 氨基酸 | 含量（%） |
|---|---|
| Ala | 25.3 |
| Cys | 22.1 |
| Gly | 21.5 |
| Thr | 31.1 |

### 4.6.1.3　跨膜区预测分析

如图 4.42 所示，预测的跨膜螺旋数为 3，膜内螺旋氨基数为 68.688 8，而膜内螺旋数大于 18 时，表明该蛋白有跨膜区域。故 *CsCER10* 蛋白有跨膜区域。在前 60 个氨基酸中，有 39.887 5 个膜内螺旋氨基酸，表明 *CsCER10* 基因编码的蛋白质可能是一个信号肽。

## 4.6.2　*CsCER10* 基因在黄瓜中的表达分析

### 4.6.2.1　*CsCER10* 基因在不同部位的表达量

通过荧光定量 PCR 技术对 *CsCER10* 基因在黄瓜不同组织部位中表达模式的研究结果表明，*CsCER10* 基因在所采集的各个组织部位中均有表达，且在叶、雌花及果皮中的表达量最高（图 4.43），且在果皮中的表达水平是果实中的 14 倍。

### 4.6.2.2　*CsCER10* 基因的转录受非生物胁迫诱导

前人研究表明，蜡质的合成受到非生物胁迫调节。为了验证 *CsCER10* 基

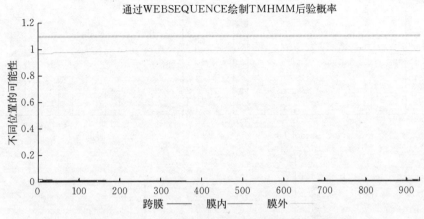

图 4.42　TMHMM 2.0 对蛋白跨膜区的预测

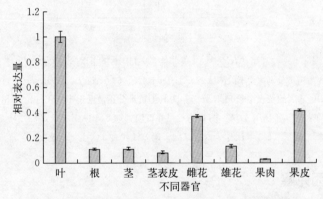

图 4.43　*CsCER10* 基因在黄瓜不同器官中的表达模式

注：*TUA* 基因作为内参基因，误差线代表 3 次生物学重复的标准偏差。

因的表达是否受非生物胁迫的调节，随机选取生长至三叶一心的野生型黄瓜幼苗进行不同的胁迫处理，并检测 *CsCER10* 基因的转录水平。如图 4.44 所示，*CsCER10* 基因的表达水平在干旱、盐胁迫及低温胁迫下均呈上升趋势，其中盐胁迫处理尤为明显。*CsCER10* 基因在不同浓度 NaCl 处理中的表达水平结果表明，随着处理浓度的增加，*CsCER10* 基因的表达量也升高，在 100 mmol/L 和 150 mmol/L 处理下的表达量分别为对照的 7 倍与 26 倍。干旱处理的结果表明，随着处理时间的增长，*CsCER10* 基因的相对表达量上升，当处理达到 3 h 时，*CsCER10* 基因的相对表达量达到了对照的 8 倍。低温处理结果表明，低温处理时间与 *CsCER10* 基因的相对表达量成正比，处理 48 h 时 *CsCER10* 基因的相对表达量是对照的 19 倍。

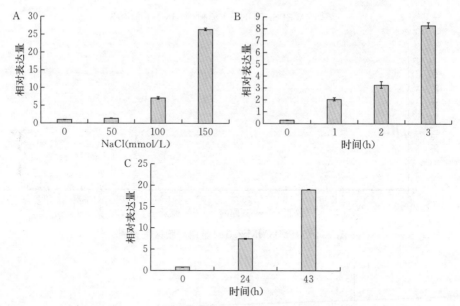

图 4.44　*CsCER10* 基因在非生物胁迫下的相对表达量分析

注：图 A 为黄瓜分别遭受不同浓度 NaCl（0 mmol/L、50 mmol/L、100 mmol/L、150 mmol/L）7 d 时 *CsCER10* 基因的荧光定量 PCR 分析。图 B 为黄瓜分别遭受干旱 0 h、1 h、2 h、3 h 时 *Cs-CER10* 基因的荧光定量 PCR 分析。图 C 为黄瓜在低温处理 24 h、48 h 时 *CsCER10* 基因的荧光定量 PCR 分析。黄瓜 *TUA* 基因作为内参基因，误差线代表 3 次生物学重复的标准偏差。

## 4.6.3　基因克隆

### 4.6.3.1　RNA 提取与检测分析

以黄瓜品种 3407 为材料，用 RNA 试剂盒提取黄瓜叶片的总 RNA，在凝胶电泳后，可以从凝胶电泳仪上看到两条清晰的条带（图 4.45），说明所提 RNA 完整性好。核酸仪检测到提取的总 RNA 样品浓度为 206.4 ng/$\mu$L，OD$_{260/280}$ 为 1.92。

### 4.6.3.2　PCR 扩增序列分析

以黄瓜叶片的总 RNA 为模板，利用反转录试剂盒得到 cDNA。核酸仪检测到 cDNA 浓度，用 ddH$_2$O 将 cDNA 浓度稀释到 100～200 ng/$\mu$L，用于后续目的片段的 PCR 扩增试验。

用稀释好的 cDNA 第一条链为模板，用高保真酶进行 PCR 扩增，经琼脂糖凝胶电泳检测得到的 DNA 片段大小与目的基因片段大小一致，如图 4.46 所示，且 PCR 产物满足回收纯化要求。

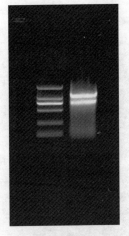

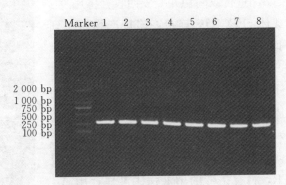

图 4.45 总 RNA 条带

图 4.46 PCR 扩增

### 4.6.3.3 胶回收产物的连接、转化与鉴定

对上述扩增处与目的基因大小一致的条带进行回收纯化，将回收产物与 PMD-18T 载体连接，并转入 DH5α 感受态细胞中，在 37 ℃、220 r/min 恒温振荡培养箱中振荡培养 2 h后，涂布于含有 Amp 抗生素的 LB 平板上，观察 24 h。待产生大量单菌落后，挑取单菌落进行目的基因菌液 PCR 验证，如

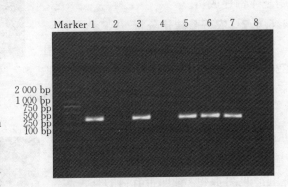

图 4.47 菌液 PCR 凝胶电泳验证

图 4.47 所示。有阳性条带出现，证明连接转化成功，选取其中阳性菌液送去测序。

### 4.6.3.4 测序结果分析

将测序回来的序列与黄瓜数据库序列进行比对，结果表明，克隆出来的序列与原始序列大小、碱基完全一致且完整。

## 4.6.4 农杆菌介导的遗传转化

### 4.6.4.1 载体构建

在 220 r/min、37 ℃的振荡培养箱中将含有的目的基因的大肠杆菌和干扰表达载体 pFgC1008 菌液摇菌提取质粒。以含有目的基因的质粒为模板，在克隆引物上加酶切位点 *Asc* Ⅰ和 *Swa* Ⅰ、*BamH* Ⅰ和 *Spe* Ⅰ为引物，分别进行 PCR 扩增，并将两种 PCR 产物通过凝胶回收。回收的片段 1 与载体 pFGC1008 分别用 *Asc* I 和 *Swa* I 进行双酶切并凝胶回收。将片段 1 与载体 pFGC1008 连接，连接产物转化到 DH5α 感受态细胞中，涂板长出单菌落后挑菌，进行菌液 PCR，将有条带的菌液送去测序。将回收的片段 2 与上述测序正确的载体用 *BamH* I 和 *Spe* I 酶切，凝胶回收，连接产物转化到 DH5α 感受态细胞中，涂板长出单菌落后挑菌，进行菌液 PCR，将有条带的菌液送去测序，用 *Asc* I 和 *Spe* I 进行酶切检测。测序结果与预期一致，双酶切检测如图 4.48 所示，证明载体构建成功。

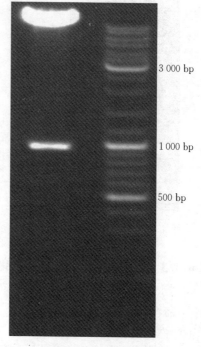

图 4.48　载体验证

### 4.6.4.2　农杆菌转化分析

携带有目的基因载体的大肠杆菌在 220 r/min、37 ℃的振荡培养器中培养提取质粒，利用电转法将质粒转入 C58C1 农杆菌感受态细胞中，涂布挑取在含有抗生素 Rif 和氯霉素的 YEB 培养基中可以正常生长的单菌落进行 PCR 验证，见图 4.49，证明带有目的基因的载体已经成功导入农杆菌中，可进行下一步黄瓜的遗传转化。

### 4.6.4.3　组织培养

按照播种、共培养、芽诱导、生根及炼苗的步骤进行。图 4.50 为组织培养过程。

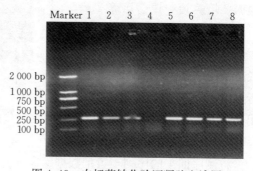

图 4.49　农杆菌转化验证凝胶电泳图

### 4.6.4.4　转基因植株验证

（1）PCR 验证。选取生长健壮的植株提取 DNA 进行 PCR 验证，凝胶电泳如图 4.51 所示，证明得到了干扰转基因植株。

（2）qPCR 验证。为了确认干扰株系中 *CsCER10* 基因的相对表达量是否受到抑制，对所获得的干扰株系和野生型株系做了荧光定量试验，如图 4.52

图 4.50　组织培养过程

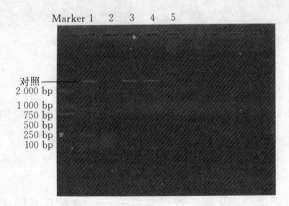

图 4.51　干扰株系凝胶电泳验证

所示。荧光定量结果表明，*CsCER10* 基因在干扰株系中的相对表达量受到了抑制，下降到野生株系的 63%～74%。

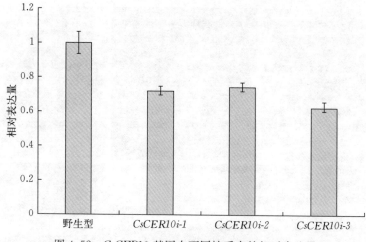

图 4.52　CsCER10 基因在不同株系中的相对表达量

（3）表型观察。不同株系表皮蜡质晶体观察见图 4.53。

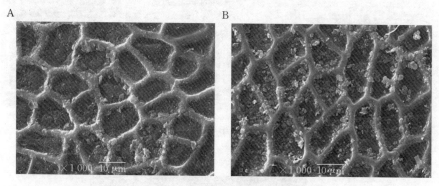

图 4.53　不同株系表皮蜡质晶体观察

注：图 A 为野生型株系，图 B 为干扰株系。

（4）蜡质成分分析。不同株系的蜡质成分分析见图 4.54。

为了进一步研究 CsCER10 基因在蜡质合成中的作用，运用气质联用的方法分析了不同转基因株系与野生型黄瓜果实表皮的蜡质成分及其含量。如图 4.54所示，CsCER10i 株系的蜡质含量下降到野生型株系的 84%～88%，与荧光定量结果一致，与野生型株系相比，干扰株系 CsCER10 基因相对表达量下降，蜡质含量也随之下降。此结果说明，CsCER10 基因在蜡质合成中起着关键的作用。

进一步对野生型与干扰株系中蜡质成分含量的差异做了显著性分析比较，如表 4.9 所示，在野生型和干扰株系中，伯醇和酯类的差异显著，说明 CsC-

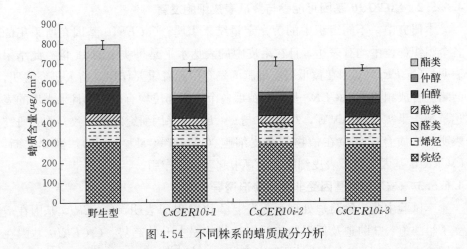

图 4.54　不同株系的蜡质成分分析

ER10 基因主要在影响伯醇和酯类的合成。

**表 4.9　野生型与干扰型株系的蜡质组成**

单位：$\mu g/dm^2$

| 植株 | 总量 | 烷烃 | 烯烃 | 醛类 | 酚类 | 伯醇 | 仲醇 | 酯类 |
|---|---|---|---|---|---|---|---|---|
| 野生型 | 793.7± 21.3A | 302.6± 13.0A | 90.7± 5.2A | 18.1± 1.6A | 37.1± 3.0A | 132.0± 8.7A | 9.3± 3.0B | 203.7± 30.5A |
| CsCER10i - 1 | 704.7± 20.0B | 291.3± 8.7A | 88.8± 3.3A | 17.8± 0.42A | 36.3± 2.8A | 98.5± 7.7B | 20.0± 3.3A | 153.4± 12.1B |
| CsCER10i - 2 | 679.0± 23.4B | 283.6± 11.6A | 87.5± 4.2A | 16.6± 1.5A | 34.5± 3.1A | 97.1± 6.7B | 16.3± 1.5AB | 141.4± 9.7B |
| CsCER10i - 3 | 670.2± 13.4B | 293.7± 12.3A | 85.0± 3.6A | 16.2± 2.0A | 34.3± 2.7A | 93.0± 6.5B | 14.2± 2.0AB | 144.8± 8.3B |

注：单位面积上的蜡质含量是 3 个植株的平均值。不同大写字母表示差异极显著（$P<0.01$）。

## 4.6.5　讨论

### 4.6.5.1　*CsCER10* 基因生物学信息分析

*CsCER10* 基因与拟南芥、苦瓜、苹果和芦笋的蛋白序列比对结果一致性在 $81.61\%\sim93.55\%$。系统进化树分析结果表明，*CsCER10* 基因与 *CsCER10* 基因的亲缘关系较近，与前人的研究结果一致（Wang et al.，2015a；Wang et al.，2015b）。此结果说明，*CsCER10* 基因属于与蜡质合成的 CER 家族。

### 4.6.5.2 *CsCER10* 基因可能参与黄瓜表皮细胞发育

本研究中，不同组织中的荧光定量结果表明，*CsCER10* 基因在所采集的各个组织部位中均有表达，且在果皮中的表达水平是果实中的 14 倍。此结果表明，*CsCER10* 基因在黄瓜表皮细胞的发育中起着重要作用。前人研究表明，与蜡质合成相关的 *CsCER7* 基因在黄瓜各个组织部位均有表达，且果表皮的表达量高于果实（刘小凤等，2014），与 *CsCER10* 基因研究结果一致。前人研究表明，蜡质合成部位在植物的表皮细胞（Kunst et al.，2008），因此推断，*CsCER10* 基因在黄瓜表皮细胞的发育中起着重要作用。

### 4.6.5.3 *CsCER10* 基因受非生物胁迫诱导

本试验中非生物胁迫处理后荧光定量 PCR 结果表明，*CsCER10* 基因在遭受干旱胁迫、盐胁迫及低温胁迫时表达量均呈上升的趋势。*CsCER10* 基因在不同浓度 NaCl 处理中的表达水平结果表明，随着处理浓度的增加，*CsCER10* 基因的表达量升高；干旱处理的结果表明，随着处理时间的增长，*CsCER10* 基因的表达量上升；低温处理结果表明，低温处理时间与 *CsCER10* 基因的表达量成正比，处理时间越长，表达量越高。有研究表明，水稻中与蜡质合成相关的基因 *OSGL1*，在干旱和低温处理中表达量均上升（周玲艳等，2012）。王文娇等研究表明，参与蜡质合成的 *CsCER1* 基因和 *CsWAX2* 基因均可以被 NaCl、低温及干旱等非生物胁迫诱导且表达水平均呈上升趋势（Wang et al.，2015a，Wang et al.，2015b）。因此，*CsCER10* 基因与 *CsCER1* 基因和 *CsWAX2* 基因一样，能够受非生物胁迫的诱导。

### 4.6.5.4 *CsCER10* 基因在黄瓜蜡质伯醇和酯类的合成中起到了关键作用

蜡质成分分析表明，*CsCER10i* 株系的蜡质含量下降到野生型株系的 84%～88%。蜡质成分差异分析结果表明，在野生型株系与干扰株系中，烷烃与烯烃的含量无差异，而醇类与酯类在干扰株系中的含量明显低于野生型株系。干扰株系中，伯醇类下降到了野生型的 70% 左右，酯类下降到了野生型的 75% 左右。说明 *CsCER10* 基因在黄瓜蜡质伯醇和酯类的合成中起到了关键作用。在拟南芥中，超长链脂肪酸衍生成伯醇类只需一步反应，该反应受 FAR 催化，存在 8 个已被鉴定的 FAR 基因，其中一个是 *CER4*，在 *cer4* 突变体中伯醇和酯类物质含量与野生型相比有明显降低（Rowland et al.，2006）。进一步研究发现，*CER4* 基因是拟南芥中编码 FAR 类蛋白的主要基因。在拟南芥中，醇类是酯类物质代谢的前体物质（Lai et al.，2010），而本研究中，醇类和酯类含量均下降，因此，猜想 *CsCER10* 基因可能调控某个 FAR 基因的表达，具体机制有待进一步研究。

　　通过生物学信息分析可知，*CsCER10* 基因属于与蜡质合成的 CER 家族，其编码的蛋白质可能是一个信号肽。*CsCER10* 基因在各个部位均有表达且在果皮中的表达量是果实中的 14 倍。*CsCER10* 基因在遭受盐胁迫、低温胁迫及干旱胁迫时表达量均呈上升趋势。干扰株系的表皮蜡质晶体明显少于野生型株系，蜡质成分分析显示 *CsCER10* 基因主要在黄瓜伯醇类和酯类的合成中起主要作用。

# 第五章 黄瓜转录本组装及 lncRNA 鉴定

## 5.1 黄瓜基因组注释研究进展

为了培育具有优良性状的黄瓜，方便栽培与生产管理，育种家对黄瓜进行了大量研究（Feng et al.，2020；Behera et al.，2023）。2009 年，黄瓜基因组序列草图发表，与预测的总长度（350 Mb）相比，组装的基因组（243.5 Mb）约占总长度的 70%（Huang et al.，2009）。这一开创性的成果促进了黄瓜基因组学领域的许多研究。在接下来的 10 年间，黄瓜基因组被新技术进一步组装和完善，包括 RNA - seq、SMRT、Hi - C 等（Li et al.，2011；Li et al.，2019）。SMRT 技术的应用为黄瓜基因组补充了约 29.0 Mb 的序列数据，其中有 89 个 contigs 直接与染色体相连。在学者们的不断努力下，高质量的黄瓜基因组已广泛应用于黄瓜研究。

拥有一个全面的注释信息是开展基因组研究的关键。基因组注释是一个多步骤的过程，可分为 3 类：核苷酸水平、蛋白质水平和过程水平（Stein，2001）。这些步骤可以帮助研究人员确定已知基因、遗传标记或基因组上其他标记的位置，从而将生物体的生物学特征与基因序列联系起来。除了从头预测以外，cDNA 测序和比对也是一种重要的方法。通过顺式比对和反式比对，可以获得基因 cDNA 的全长序列，对其外显子-内含子结构进行注释（Brent，2008）。

RNA - seq 是近 20 年来兴起并得到广泛应用的一种利用深度测序技术的转录组分析方法，它提供了比其他方法更精确地测量转录本及其异构体的手段（Wang et al.，2009）。其中，包括 3 个主要类别：序列定位、转录组重构和表达量化（Garber et al.，2011）。黄瓜作为最早被测序的蔬菜作物，经过多年来研究人员的共同努力，拥有丰富的已发表的测序数据资源。已有研究表明，RNA - seq 数据的应用有助于提高基因组注释水平（Roberts et al.，2011；Denoeud et al.，2008）。此外，由于转录组数据的性质，它可以用于识别可变剪接（AS）事件和非编码 RNA（ncRNA）（Zhang et al.，2022）。已有研究表明，AS 事件广泛存在于黄瓜组织中（Sun et al.，2018）。其对黄瓜生长发育和响应环境胁迫至关重要（Liu et al.，2021；Thanapipatpong et al.，2023）。非编码 RNA 在调控瓜类作物生长方面也发挥着独特的作用（Sun et al.，2020；Dey et al.，2022）。因此，识别黄瓜中潜在的未被发现的转录本是一项重要的任务。

在另一个层面上，每个不同的组织都发挥着独特的作用，单个基因无法充分捕捉到能够区分不同组织的进程（Sonawane et al.，2017）。与表达高度保守的管家基因不同，组织特异性基因是执行组织相关功能的关键（Kouadjo et al.，2007）。因此，探索组织特异性基因的表达和调控有助于阐明组织发育和功能的分子机制，并有利于将其应用于育种研究中以定向地调节组织性状。然而，这种类型的工作很少在黄瓜中报道。

## 5.2 数据收集及处理

### 5.2.1 已发表测序数据的收集

利用美国国家生物技术信息中心（National Center for Biotechnology Information，NCBI）SRA 数据库共收集 2 209 份 ILLUMINA 平台测序的黄瓜转录组数据（截至 2023 年 9 月 13 日），并通过检索已发表的相关文章对 NCBI 的原始记录信息进行完善。115 份黄瓜的全基因组重测序数据也在本研究中使用（项目 ID：PRJNA171718）。用于本研究中基因家族表达谱的转录组表达数据获取自葫芦科基因组数据库（CuGenDB v2，http://cucurbit-genomics. org/v2/）。

### 5.2.2 数据质控及预处理

使用 Fastp V0.20.1 对原始数据的接头序列进行修剪并过滤，获得高质量（Q30）的 clean reads（Chen et al.，2018）。HISAT2 V2.2.1 用于将黄瓜转录组测序数据比对至黄瓜品种 9930 参考基因组（http://cucurbitgenomics. org/organism/20，Chinese Long V3 genome）（Kim et al.，2019）。STAR 2.7.8a 中的 twopassMode 模式则用于比对从 NCBI 收集的黄瓜转录组数据（Dobin et al.，2013）。全基因组重测序数据则利用 BWA V0.7.17 进行比对（Li and Durbin，2009）。随后借助 GATK V4.2.0.0 进行 SNP 检出（McKenna et al.，2010）。SAMtools V1.10 用来计算数据的比对率和覆盖率（Danecek et al.，2021）。基于 R 语言的软件包 ggplot2 则用于数据可视化（Wickham，2009）。

### 5.2.3　基因定量和组织聚类

使用 StringTie V2.2.1 对参考注释中的基因进行定量获得 TPM 表达矩阵（参数默认），TPM>0.1 的基因视为表达（Pertea et al.，2015）。采用 t 分布邻域嵌入算法（t‑distributed stochastic neighbor embedding，t‑SNE）对表达矩阵进行高维数据可视化（Maaten and Hinton，2008）。R 包 denextend 被用以不同组织的分层聚类（Galili，2015）。

### 5.2.4　差异表达基因的鉴定

使用 DESeq2 软件对不同处理下的黄瓜下胚轴测序数据进行差异表达鉴定，以 $|\log_2 FC| \geqslant 1$ 且 $p$‑value<0.01 为阈值。IGV 软件用于测序 reads 比对情况的可视化。R 包 PCAtools 用以进行主成分分析（https：//github.com/kevinblighe/PCAtools）。

### 5.2.5　转录本及其编码能力预测

使用 StringTie V2.2.1 中的保守模式（—conservative；参数"‑j 3‑s 5"）对黄瓜不同组织中出现的 isoform 进行组装并量化。位于未组装的 scaffold 上、外显子覆盖率<100% 和检测深度 <3 的转录本被过滤出去。为了确保预测转录本的真实性，设置表达阈值为：单外显子转录本的 TPM>1；多外显子转录本的 TPM>0.1；在至少一个组织的两个独立样本中检测到。使用 GffCompare V0.12.6 将预测转录本与参考注释进行比较（Pertea，2020）。随后使用 CPC2 V1.0.1（Kang et al.，2017）、PLEK V1.2（Li et al.，2014）和 TransDecoder V5.7.1（https：//github.com/TransDecoder/TransDecoder）来预测转录本的编码能力。对上述没有编码潜力的转录本进一步使用 LGC 算法（https：//ngdc.cncb.ac.cn/lgc/calculator）进行评估，以确定它们是否为 lncRNA 位点（Wang et al.，2019）。FEElnc V0.2.1 用以对非编码转录本进行分类注释（Wucher et al.，2017）。

### 5.2.6　组织特异性分析及功能富集

利用 R 包 limma 计算每个组织与其他组织之间所有注释基因和预测转录本的差异表达，并使用 FDR 方法进行多次测试更正（Ritchie et al.，2015）。通过阈值筛选（$\log_2 FC > 2$ 且 FDR<0.01）的转录本被定义为组织特异性转录本。利用 TBtools 对先前已有的参考注释中的基因进行功能富集（Chen et al.，2020）。最后利用 Complex Heatmap 展示富集结果（Gu，2022）。

## 5.2.7 选择压力分析

使用 VCFtools V0.1.16 提取 115 份黄瓜重测序数据中组织特异性区域和非特异性区域的变异，并进一步借助该软件计算 Tajimas'D 和遗传分化指数 Fst（Danecek et al.，2011）。对于必要的参数，参考前人的研究，指定滑动窗口为 50 kb，步长为 5 kb（Qi et al.，2013）。单个计算结果的平均值被作为整个区域水平的代表值。

## 5.2.8 QTLs 收集及组织特异区域相关分析

已发表的黄瓜 QTL 信息来源于 Wang 等（2020）和 Zhang 等（2023）的研究。利用 nextflow 驱动的 LiftOver（nf-LO）（Talenti and Prendergast，2021）和 CrossMap V0.6.4（Zhao et al.，2014）软件将收集到的 QTL 对应转化为黄瓜品种 9930 参考基因组的坐标。QTL 与组织特异性基因的相关性计算公式如下：

$$E = \frac{A/C}{B/D}$$

式中，$A$ 为 QTL 与组织特异性基因重叠的长度；$B$ 为 QTL 长度；$C$ 为组织特异基因所在区域长度；$D$ 为基因组长度。

# 5.3 转录本组装及编码能力预测

## 5.3.1 组织聚类分析

为了鉴定组织特异性基因并完善黄瓜基因组注释，收集了 ILLUMINA 平台测序的 2 209 份黄瓜转录组数据。通过相关文献检索，确定这些生物样品的组织信息，来自同一样品的多次测序数据被合并。此次共计获得 2 148 份黄瓜不同组织的生物样品，这些数据覆盖了不同黄瓜品种的子叶、花、果实、下胚轴、叶、叶柄、根、种子、茎尖、茎和卷须 11 个组织。通过对原始数据的质量检测和筛选，共保留了 494.6 亿条 Q30 质量的 clean reads 用于比对到黄瓜品种 9930 基因组。为了保证数据质量，reads 数量不足 100 万条、基因组比对率低于 60% 以及基因组覆盖率小于 10% 的数据样本被删除。

随后，为确保组织信息的准确性，将剩余样本进行了数据降维可视化（t-SNE，图 5.1A）和层次聚类（图 5.1B）。结果表明，绝大多数样本可通过组织信息聚在一起，极少数个体可能由于信息记录错误而无法聚集。将无法聚类的离群样本排除之后，最终确定了 1 904 份组织信息清晰的高质量黄瓜生物样本转录组数据用于后续分析（图 5.1C）。

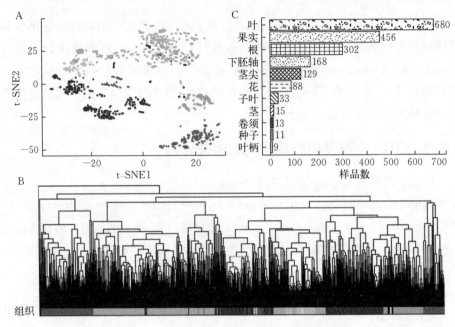

图 5.1　黄瓜不同组织的计数信息及聚类分析

注：图 A 为基于 t‐SNE 的组织聚类分析。图 B 为基于 dendextend 的层次聚类。图 C 为黄瓜各组织生物样品数量统计。

总体而言，超过 93% 的样本基因组比对率在 85% 以上。少数样品的比对率较低，这可能与测序所用黄瓜品种不同有关。基因组覆盖率与表达基因百分比之间存在较强的相关性（Pearson's correlation＝0.69，$P$ 值＝$2.2 \times 10^{-16}$）（图 5.2）。从组织数量分布来看，目前对黄瓜的转录组研究主要集中在叶片、果实和根（图 5.1C），这 3 种组织占样本总数的 3/4 以上。

## 5.3.2　转录本组装

使用 StringTie 软件对 1 904 份 RNAseq 数据中的转录本进行了组装。考虑到不同组织中稀有转录本存在的可能性，首先将每个组织中的所有预测结果进行合并，再合并所有组织。数据显示，相比于一次性合并所有预测结果，这种方法可以多获得近 60% 的转录本（图 5.3A）。组装结果共获得了分布在 24 466 个位点上的 173 156 个转录本，相当于每个位点约 7.1 个转录本。参考 Guan 等（2022）的方法对其进行过滤。位于 scaffold 上、外显子覆盖率＜

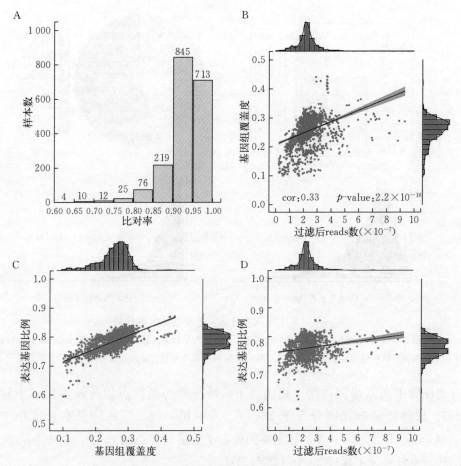

图 5.2　1 904 份黄瓜转录组生物样本的比对信息统计

100％和覆盖深度＜3 的转录本首先被剔除。随后，基于所有转录本的 TPM 表达矩阵进行过滤，以确保保留的转录本在至少一个组织的两个样本中表达（单外显子转录本 TPM＞0.1；多外显子转录本 TPM＞1）。此外，从预测转录本与参考基因组比较结果中剔除了潜在的伪构体（表 5.1）。

　　最终共获得了位于 20 442 个位点上的 151 453 个转录本，每个位点约 7.4 个转录本（图 5.3A）。其中，12.7％的预测转录本与参考注释完全匹配，84.3％被认为是新型异构体，只有 3％是新位点（图 5.3B）。值得注意的是，类型"j"占预测结果的 55.71％。该类型的含义是预测转录本与参考转录本至少共享一个连接位点。其次是"n""k""m""o"，它们也被归为新型异构体，占 28.65％。这一结果表明，黄瓜中存在大量的可变剪接事件，这些事件在现

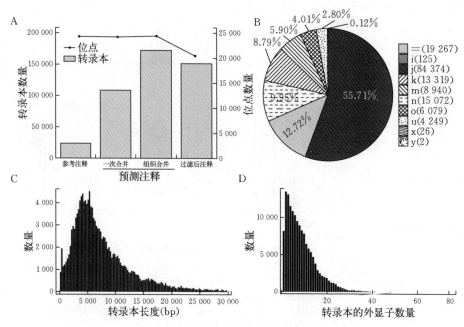

图 5.3  1 904 份黄瓜转录组数据的转录本预测

注：图 A 为参考转录本和预测转录本之间转录本和位点的数量比较。图 B 为 GffCompare 分类代码饼状图。图例代码信息可在表 5.1 中找到。图 C 和图 D 分别为预测转录本长度和外显子数量的分布。

有的注释中尚未得到注明。相比之下，被分类为新位点的转录本仅占不到 3%。预测转录本长度分布于 83～670 098 bp，73.2% 的转录本长度小于 10 000 bp（图 5.3C）。预测转录本的外显子数量最多达到 80 个，其中 93.0% 的转录本外显子不超过 20 个（图 5.3D）。

表 5.1  预测转录本与参考注释比较结果

| 分类代码 | 描述 | 种类 | 预测结果（个） | 过滤结果（个） |
|---|---|---|---|---|
| = | 内含子完全匹配 | 完全匹配 | 23 577 | 19 267 |
| j | 至少一个剪切位点匹配的多外显子转录本 | 潜在的新异构体 | 92 951 | 84 374 |
| n | 所有内含子匹配或覆盖 | 潜在的新异构体 | 16 862 | 15 072 |
| k | 包含参考转录本 | 潜在的新异构体 | 15 864 | 13 319 |
| m | 所有内含子匹配或保留 | 潜在的新异构体 | 9 285 | 8 940 |
| o | 部分外显子与参考转录本重叠 | 潜在的新异构体 | 8 119 | 6 079 |

（续）

| 分类代码 | 描述 | 种类 | 预测结果<br>（个） | 过滤结果<br>（个） |
| --- | --- | --- | --- | --- |
| u | 未知或基因间区转录本 | 潜在的新位点 | 5 238 | 4 249 |
| i | 完全比对到参考转录本的<br>内含子上 | 潜在的新位点 | 131 | 125 |
| x | 反向链上的外显子重叠 | 潜在的新位点 | 38 | 26 |
| y | 内含子包含参考转录本 | 潜在的新位点 | 2 | 2 |
| p | 潜在的聚合酶片段 | 潜在的伪构体 | 1 089 | 0 |

## 5.3.3　编码能力预测

为了检测预测的转录本是否具有编码潜力，使用了 CPC2、PLEK 和 TransDecoder 三种不同的软件工具对其进行预测。在先前预测的 131 692 个转录本中，CPC2 鉴定出 13.54%（17 836 个）的非编码转录本，PLEK 鉴定出 15.29%（20 141 个）的非编码转录本，TransDecoder 鉴定出最少的非编码转录本，占 8.74%（11 515 个）。通过结合这些结果，最终得到了 6 557 个非编码转录本（图 5.4A）。这些转录本的长度均超过 200 nt（图 5.4B）。

由于黄瓜中缺乏可供参考的 lncRNA 数据集，采用 LGC 算法进一步确定这些转录本是否为 lncRNA。该算法可以在不需要任何先验知识的情况下，跨物种准确区分 lncRNA 和蛋白质编码 RNA。最后，4 543 个转录本被推断为潜在的 lncRNA（图 5.4C）。通过比较这些 lncRNA 与已有参考注释的相对位置对其进行了分类。基因区 lncRNA 数量（2 846 个）超过基因间区 lncRNA 数量（1 671 个），定位于外显子区域的 lncRNA 数量在基因区占绝对优势（图 5.4D）。

## 5.3.4　讨论

完整的基因组注释是探索黄瓜分子机制和性状变化的重要桥梁。本研究收集了 1 904 份已发表的高质量黄瓜转录组数据。数据包含 11 种不同的黄瓜组织，但它们之间的数量差异很大，目前大部分的黄瓜转录组测序集中在对叶、果、根的研究，而其他组织的数据样品量仅有少数。鉴于每个组织在植物生长发育过程中所起的主要作用不同，对黄瓜其他组织的测序研究还有待进一步开展。

通过转录本组装，获得了 131 692 个尚未在参考注释中注明的转录本，但

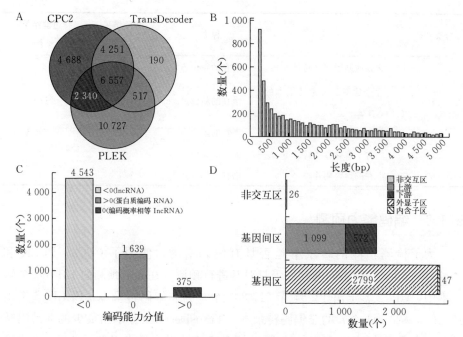

图 5.4　潜在 lncRNA 的鉴定和分类

注：图 A 为 3 种不同方法预测结果维恩图。图 B 为非编码 RNA 的长度分布。图 C 为长链非编码 RNA 相对于参考注释的位置分类。

它们分布的位点数量与现有注释相近。这表明黄瓜中有丰富的转录事件尚未被发现。此外，通过编码能力预测鉴定出了 4 543 个潜在的 lncRNA。Tian 等（2024）最近在南瓜（*Curcurbita maxima* Rimu）中发现了 *MSTRG.44 863.1*，这个关键的 lncRNA 通过 S-腺苷-L-甲硫氨酸合成酶影响果实发育。这表明了 lncRNA 对葫芦科作物发育的重要性，对于黄瓜中 lncRNA 的相关研究还有待发掘。

## 5.4　组织特异性分析

### 5.4.1　组织特异转录本鉴定

为鉴定黄瓜中的组织特异性转录本，对黄瓜品种 9930 基因组中的基因和上述预测的转录本的表达进行了定量。为了确保结果准确，选择样本量高于 10 个的组织进行分析，叶柄（因只有 9 个样本）被排除在外。对于这些黄瓜组织，组织特异基因和转录本的数量分别从 236～1 314 和 260～1 687 不等

（图 5.5A）。总体而言，茎尖和根部的组织特异转录本比其他组织多，这可能与其分化能力有关。*CsaV3 _ 5G008280.1* 和 *MSTRG. 277.26* 作为代表性组织特异性转录本在此展示，其在下胚轴中特异性表达，但在其他组织中几乎检测不到（图 5.5B、C）。通过 GO 数据库对各组织中特异表达基因进行富集，生物进程（biological process）中所富集到的功能类别能够很好地对应其所在组织的主要功能（图 5.5D）。

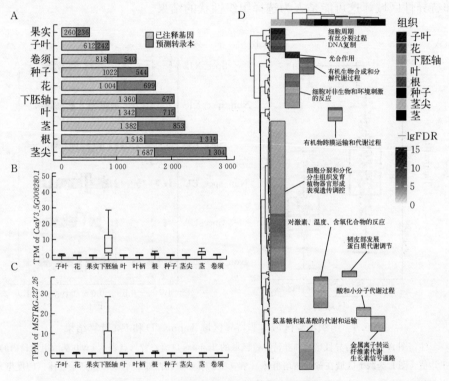

图 5.5　组织特异转录本的鉴定和功能富集

注：图 A 为鉴定的组织特异性转录本数量。浅灰色表示未出现在现有参考注释中的预测转录本。图 B 和图 C 分别为 *CsaV3 _ 5G008280.1* 和 *MSTRG. 277.26* 的转录本 TPM 表达量。图 D 为不同组织 GO 富集中生物过程的重要功能。在每个组织中出现的独特 GO 功能在这里展示。

## 5.4.2　选择压力分析

此外，为了确定组织特异性区域在进化过程中是否更具选择性，使用 Qi 等（2013）发表的 115 份黄瓜全基因组重测序数据进行了选择压力分析。鉴于参考基因组的更新，对原始数据进行了重新处理并检测了其中的变异，最终共获得 8 179 033 个 SNP 用于后续分析。基于已鉴定组织特异性转录本，将基因组分为组织特异性区域和非特异性区域。组织特异性区域 Tajimas'D 值（均值为-1.85）显著低于非特异性区域（均值为-1.26）（图 5.6A、表 5.2），这表明组织特异性区域更容易受到定向选择的影响。对不同黄瓜栽培群体（东亚型、欧亚型、西双版纳型）与野生群体（印度型）之间的遗传分化指数（Fst）进行计算，结果表明群体间在组织特异性区域的遗传分化指数显著小于非特异性区域（图 5.6B、表 5.2）。这表明不同种群之间的遗传分化更倾向于发生在非特异性区域，这可能是人为选择组织性状的结果。

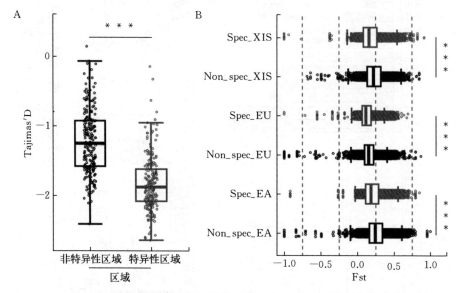

图 5.6　组织特异区域与非特异区域 Tajimas'D 和 Fst 计算结果

注：图 A 为组织特异性区域和非特异性区域的 Tajimas'D 值。背景点表示 1 Mb 基因组窗口内的平均值。图 B 为两个区域在黄瓜栽培群体（东亚型、欧亚型和西双版纳型）和野生群体（印度型）之间的 Fst 值。＊＊＊表示 $P<0.001$ 差异显著。

**表 5.2　组织特异性区域选择压力分析结果**

| 区域 | 所有样本 Tajimas'D | Fst（相对于印度型） | | |
| --- | --- | --- | --- | --- |
| | | 东亚型 | 欧亚型 | 西双版纳型 |
| 非特异性区域 | -1.265 65 | 0.255 063 | 0.164 383 | 0.233 894 |
| 组织特异性区域 | -1.853 08 | 0.208 608 | 0.134 62 | 0.185 52 |

### 5.4.3　QTLs 富集分析

为了探究各组织中组织特异性基因与 QTLs 之间的相关性，使用前人发表的黄瓜 QTLs（Wang et al.，2020；Li et al.，2023）进行了富集分析。通过基因组坐标转换，对收集到的 287 个 QTLs 进行了基因组坐标转换。在所收集到的 QTLs 相关的 9 个组织中，茎尖的富集分数最高，其次是根，子叶的富集分数最低（表 5.3）。在其他组织中，QTLs 在组织特异性基因中的比例与在整个基因组中的比例相似。这些结果表明，QTLs 对不同组织的影响与组织特异性基因密切相关。

表 5.3　组织特异性区域和所收集 QTLs 的富集结果

| 组织 | A（bp） | B（bp） | C（bp） | D（bp） | E |
|------|---------|---------|---------|---------|---|
| 子叶 | 76 842 | 29 531 410 | 804 798 | 226 211 662 | 0.731 379 156 |
| 花 | 643 082 | 59 967 964 | 2 291 083 | 226 211 662 | 1.058 817 760 |
| 果实 | 627 027 | 175 819 533 | 730 020 | 226 211 662 | 1.105 094 334 |
| 下胚轴 | 217 161 | 20 467 840 | 2 251 285 | 226 211 662 | 1.066 091 136 |
| 叶 | 1 684 085 | 147 452 898 | 2 506 739 | 226 211 662 | 1.030 662 721 |
| 根 | 140 558 | 6 944 049 | 3 677 236 | 226 211 662 | 1.245 191 879 |
| 种子 | 646 849 | 82 342 635 | 1 796 537 | 226 211 662 | 0.989 138 202 |
| 茎尖 | 96 636 | 2 366 098 | 4 887 815 | 226 211 662 | 1.890 194 292 |
| 茎 | 474 470 | 46 301 977 | 2 570 238 | 226 211 662 | 0.901 884 397 |

注：$A$ 为 QTL 与组织特异性区域重叠的长度，$B$ 为 QTL 长度，$C$ 为组织特异区域长度，$D$ 为基因组长度。

## 5.4.4　讨论

组织特异性基因在一个或多个组织中表达，因此其功能模型有助于更好地理解组织与基因间的关系，发现新的组织特异性靶点（Xiao et al.，2010）。本研究在 10 个黄瓜组织中鉴定了组织特异性转录本，其中茎尖中鉴定出的转录本数量最多。结合在动物中的研究（Guan et al.，2022），可以得出结论，组织特异性转录本的数量可能与生物体中不同组织的分化能力有关。通过计算选择压力，发现组织特异性区域在 SNP 位点上的分化程度较低，比非特异性区域更容易受到靶向选择的影响。这可能是长期人工定向选择组织性状的结果。

QTLs 的开发为黄瓜的生产提供了很大的帮助。例如，与收获前发芽相关的 $qPHS4.1$ 可以帮助提高黄瓜种子的育种效率（Cao et al.，2021）。$fl3.2$ 则可通过影响果实长度进而影响黄瓜产量（Wei et al.，2016）。鉴于这些已鉴定的 QTLs 与特定组织的关联，推测组织特异性区域可能起着不可或缺的作用。基因集的富集分析已被证明是对一组基因进行注释的有效方法，它可以扩展到探索一组基因组间隔中功能元件或特征的富集，以揭示潜在的功能联系（Xu et al.，2020）。本研究对 QTLs 和组织特异基因的富集结果表明，QTLs 在不同组织中功能的发挥与组织特异性基因密切相关。然而，一些 QTLs 的候选区域范围较大，未来应将发现的更为精确的 QTLs 添加到计算中以完善该结果。

# 主 要 参 考 文 献

崔兴华，刘楠，韩毅科，等，2012. 氮离子注入黄瓜诱变遗传育种研究 [J]. 中国瓜菜，25 （3）：17‐19.

董邵云，苗晗，薄凯亮，等，2020. 黄瓜近缘野生资源的研究进展 [J]. 植物遗传资源学报，21 （6）：1446‐1460.

董银卯，王昌涛，喻海荣，2023. 黄瓜化妆品功效的初步研究 [J]. 香料香精化妆品，2007 （3）：14‐16.

杜姣林，蔺新兰，马豫皖，等，2023. 植物海藻糖‐6‐磷酸合成酶基因研究进展 [J]. 植物科学学报，41 （3）：411‐420.

符敏，李振宇，叶树才，等，2022. 不同红蓝配比 LED 光源补光对节瓜育苗的影响 [J]. 长江蔬菜 （2）：6‐8.

郭彦军，倪郁，郭芸江，等，2011. 水热胁迫对紫花苜蓿叶表皮蜡质组分及生理指标的影响 [J]. 作物学报，37 （5）：911‐917.

韩旻昊，任飞，燕丽萍，等，2023. 槭树分子标记研究进展综述 [J]. 山东林业科技，53 （2）：83‐92.

侯敏，2023. 气流温度与气流速度对徒长黄瓜幼苗 [D]. 镇江：江苏大学.

黄历，2019. 黄瓜杂种优势与遗传距离相关性分析 [D]. 杨凌：西北农林科技大学.

贾会霞，李锡香，宋江萍，等，2021. 黄瓜核心种质白粉病抗性的全基因组关联分析 [J]. 园艺学报，48 （7）：1371‐1385.

孔维良，李愚鹤，张利东，等，2020. 华北型黄瓜新品种'津优 316'[J]. 园艺学报，47 （S2）：2992‐2993.

李冰敏，2019. 分子标记在园林植物育种中的应用 [J]. 现代园艺 （15）：148‐149.

李丹丹，司龙亭，罗晓梅，等，2009. 弱光胁迫下黄瓜苗期下胚轴性状的遗传分析 [J]. 西北农林科技大学学报，37 （11）：113‐119.

李加旺，张文珠，孙忠魁，1999. 黄瓜资源筛选与育种研究及其发展趋势 [J]. 天津农业科学 （4）：36‐38.

李肯，张伟，武云鹏，等，2024. 甜瓜果肉硬度 KASP 标记的开发与应用 [J]. 园艺学报，51 （4）：773‐786.

李锡香，方智远，2005. 从核心种质的研究入手开展农作物优异基因的挖掘利用 [J]. 中国蔬菜 （S1）：1‐7.

李锡香，朱德蔚，杜永臣，等，2005. 黄瓜种质资源描述规范和数据标准 [M]. 北京：中国农业出版社.

李岩，刘剑辉，刘思宇，2020. 华南型黄瓜新品种'龙园翼剑'[J]. 园艺学报，47（9）：1863-1864.

李阳，2017. 黄瓜种质资源耐旱性评价及 SNP 分子标记的筛选 [D]. 哈尔滨：东北农业大学.

梁芳芳，张新俊，梁改荣，2012. 黄瓜种质资源研究进展 [J]. 河南农业（12）：55-56.

梁玉琴，李芳东，傅建敏，等，2012. 柿属植物基因组 DNA 提取方法比较 [J]. 中南林业科技大学学报，32（4）：170-173.

刘红艳，2014. 卡特兰的 DNA 提取方法研究 [D]. 北京：中国林业科学研究院.

刘乃新，2020. 甜菜 SSR 分子标记的开发应用及差异代谢产物分析 [D]. 哈尔滨：东北林业大学.

刘小凤，安静波，张立新，等，2014. 黄瓜调控蜡质合成相关基因 CsCER7 的克隆与表达分析 [J]. 园艺学报（4）：661-671.

吕淑珍，马德华，霍振荣，等，1994. 优质抗病高产黄瓜新品种：津春 4 号 [J]. 中国蔬菜（2）：1-3.

毛炜光，吴震，黄俊，等，2007. 水分和光照对厚皮甜瓜苗期植株生理生态特性的影响 [J]. 应用生态学报（11）：2475-2479.

倪郁，宋超，李加纳，等，2015. UV-B 辐射增强对拟南芥表皮蜡质的影响 [J]. 生态学报，35（5）：1505-1512.

任跃波，2020. 酸黄瓜蔓枯病抗性转育技术研究及育种应用 [D]. 南京：南京农业大学.

芮文婧，2018. 基于表型性状与 SNP 标记的番茄种质资源遗传多样性分析 [D]. 银川：宁夏大学.

桑嘉骏，季延海，刘明池，等，2022. 矮壮素施用方式和灌溉水温对黄瓜幼苗徒长的调控研究 [J]. 中国蔬菜（6）：50-55.

宋雨函，张锐，2021. 高等植物下胚轴伸长的调控机制 [J]. 生命的化学，41（6）：1116-1125.

田春育，2018. 黄瓜簇生突变体的鉴定及其候选基因初步定位 [D]. 哈尔滨：东北农业大学.

田多成，何洪巨，严慧玲，等，2014. 甘蓝硫代葡萄糖苷总量性状的 QTL 定位及分析 [J]. 华北农学报，29（3）：6-10.

王梅馨，2020. 黄瓜果皮黄棕色性状的遗传分析与定位研究 [D]. 扬州：扬州大学.

王鹏，田哲娟，康忱，等，2021. 番茄 5 个抗病基因 KASP 分型技术体系的建立与应用 [J]. 园艺学报，48（11）：2211-2226.

王晓娟，郭姚森，张凯歌，等，2021. 分子标记辅助构建甜瓜 CmGLK 近等基因系 [J]. 中国瓜菜，34（6）：11-19.

王艳芳，赵鹤，雷喜红，等，2024. 连栋温室水果黄瓜工厂化无土栽培管理技术 [J]. 中国蔬菜（5）：136-140.

王义国，白延波，2019. 常见蔬菜的营养价值及生长要求 [J]. 中国果菜，39 (7)：73-76.

王永平，张爱民，廖芳芳，等，2012. 植物表皮蜡质合成和运输途径研究进展 [J]. 中国农学通报，28 (3)：225-232.

吴潇，殷豪，陈杨杨，等，2017. 一种提取梨组织高质量基因组 DNA 的新方法 [J]. 中国南方果树，46 (2)：31-36.

闫华超，高岚，李桂兰，2006. 分子标记技术的发展及应用 [J]. 生物学通报 (2)：17-19.

杨双娟，王志勇，赵艳艳，等，2020. 大白菜抽薹相关基因 *BrFLC1* 的 KASP 标记开发 [J]. 核农学报，34 (2)：265-272.

杨绪勤，2014. 黄瓜果瘤和果实无光泽性状基因的定位与功能分析 [D]. 上海：上海交通大学.

张晋龙，刘义，渠云芳，等，2017. 棉花不同茸毛性状近等基因系的选育与生理生化特性研究 [J]. 华北农学报，32 (3)：137-142.

张南南，牛良，崔国朝，等，2018. 一种高通量提取桃 DNA 方法的建立与应用 [J]. 中国农业科学，51 (13)：2614-2621.

张鹏，2009. 黄瓜果实弯曲性 QTL 定位及蛋白质组差异研究 [D]. 哈尔滨：东北农业大学.

张圣平，顾兴芳，2020. 黄瓜重要农艺性状的分子生物学 [J]. 中国农业科学，53 (1)：117-121.

张宇，唐志鹏，秦荣耀，等，2018. 金柑叶片和果实总 DNA 提取方法比较 [J]. 经济林研究，36 (1)：158-162.

张正斌，山仑，1998. 小麦抗旱生理指标与叶片卷曲度和蜡质关系研究 [J]. 作物学报，24 (5)：608-612.

张子默，卢俊成，齐晓花，等，2019. 高温下黄瓜幼苗下胚轴长度遗传效应的研究 [J]. 分子植物育种，4 (17)：1326-1332.

赵靓，2019. 基于 SSR 标记的梅花遗传多样性分析与杂交育种 [D]. 北京：北京林业大学.

赵勇，刘晓冬，赵洪锟，等，2017. 大豆 SNP 分型方法的比较 [J]. 分子植物育种，15 (9)：3540-3546.

赵子瑶，2018. 与黄瓜株型性状相关的两个候选基因（长下胚轴 *CsNABP* 和圆叶 *CsPID*）的功能初步分析 [D]. 杨凌：西北农林科技大学.

周玲艳，姜大刚，李静，等，2012. 逆境处理下水稻叶角质层蜡质积累及其与蜡质合成相关基因 *OsgL1* 表达的关系 [J]. 作物学报，38 (6)：1115-1120.

邹士成，李丹丹，孙博华，等，2015. 黄瓜幼苗下胚轴响应弱光胁迫的研究 [J]. 安徽农学通报，21 (19)：29-30.

Aarts M，Keijzer C J，Stiekema W J，et al，1995. Molecular characterization of the CER1 gene of *Arabidopsis* involved in epicuticular wax biosynthesis and pollen fertility [J]. Plant Cell，7 (12)：2115-2127.

Aharoni A，Dixit S，Jetter R，et al，2004. The SHINE clade of AP2 domain transcription factors activates wax biosynthesis, alters cuticle properties, and confers drought tolerance when overexpressed in *Arabidopsis* [J]. Plant Cell, 16 (9): 2463-2480.

Ali A A M, Romdhane W B, Tarroum M, et al, 2021. Analysis of salinity tolerance in tomato introgression lines based on morpho-physiological and molecular traits [J]. Plants, 10 (12): 2594.

Arbelaez J D, Moreno L T, Singh N, et al, 2015. Development and GBS-genotyping of introgression lines (ILs) using two wild species of rice, *O. meridionalis* and *O. rufipogon*, in a common recurrent parent, *O. sativa* cv. *Curinga* [J]. Molecular Breeding, 35 (2): 1-18.

Bach L, Michaelson L V, Haslam R, et al, 2008. The very-long-chain hydroxy fatty acyl-CoA dehydratase PASTICCINO2 is essential and limiting for plant development [J]. Proceedings of the National Academy of Sciences, 105 (38): 14727-14731.

Baker E A, 1982. Chemistry and morphology of plant epicuticular waxes [C]. In The Plant Cuticle, Linnean Society Symposium Series. Academic Press, 10: 139-165.

Bauer S, Schulte E, Their H P, 2004. Composition of the surface wax from tomatoes [J]. European Food Research and Technology, 219 (5): 223-228.

Behera T K, Pandey S, Munshi A D, et al, 2023. Cucumber: breeding and genomics [J]. Vegetable Science, 50 (Special): 208-209.

Bernard A, Domergue F, Pascal S, et al, 2012. Reconstitution of plant alkane biosynthesis in yeast demonstrates that *Arabidopsis* ECERIFERUM1 and ECERIFERUM3 are core components of a very-long-chain alkane synthesis complex [J]. Plant Cell (24): 3106-3118.

Bessire M, Chassot C, Jacquat A C, et al, 2007. A permeable cuticle in *Arabidopsis* leads to a strong resistance to *Botrytis cinerea* [J]. EMBO (European Molecular Biology Organization) Journal, 26 (8): 2158-2168.

Bird D, Beisson F, Brigham A, et al, 2007. Characterization of *Arabidopsis* ABCg11/WBC11, an ATP binding cassette (ABC) transporter that is required for cuticular lipid secretion [J]. The Plant Journal, 52 (3): 485-498.

Bo F, Kai C, Yanru C, et al, 2018. Genetic dissection and simultaneous improvement of drought and low nitrogen tolerances by designed QTL pyramiding in rice [J]. Frontiers in Plant Science (9): 306.

Bo K, Ma Z, Chen J, Weng Y, 2015. Molecular mapping reveals structural rearrangements and quantitative trait loci underlying traits with local adaptation in semi-wild Xishuangbanna cucumber (*Cucumis sativus* L. var. *xishuangbannanesis* Qi et Yuan). [J]. Theor Appl Genet, 128 (1): 25-39.

Bo K, Miao H, Wang M, et al, 2019. Novel loci fsd6. 1 and Csgl3 regulate ultra-high fruit spine density in cucumber [J]. Theoretical and Applied Genetics (132): 27-40.

Bondada B R, Oosterhuis D M, Murphy J B, et al, 1996. Effect of water stress on the epicuticular wax composition and ultrastructure of cotton (*Gossrpium hirsutum* L. ) leaf, bract, and boll [J]. Environmental and Experimental Botany, 36 (1): 61 – 69.

Bourdenx B, Bernard A, Domergue F, et al, 2011. Overexpression of *Arabidopsis ECER-IFERUM*1 promotes wax very – long – chain alkane biosynthesis and influences plant response to biotic and abiotic stresses [J]. Plant Physiology, 156 (1): 29 – 45.

Brent M R, 2008. Steady progress and recent breakthroughs in the accuracy of automated genome annotation [J]. Nature Reviews Genetics, 9 (1): 62 – 73.

Buda G J, Barnes W J, Fich E A, et al, 2013. An ATP binding cassette transporter is required for cuticular wax deposition and desiccation tolerance in the moss *Physcomitrella patens* [J]. Plant Cell (25): 4000 – 4013.

Buschhaus C, Jetter R, 2011. Composition differences between epicuticular and intracuticular wax substructures: How do plants seal their epidermal surfaces? [J]. Journal of Experimental Botany, 62 (3): 841 – 853.

Busov V B, Meilan R, Pearce D W, et al, 2003. Activation tagging of a dominant gibberellin catabolism gene (GA 2 – oxidase) from poplar that regulates tree stature [J]. Plant Physiology, 132 (3): 1283 – 1291.

Camacho C, Coulouris G, Avagyan V, et al, 2009. BLAST +: architecture and applications [J]. BMC Bioinformatics, 10 (1): 1 – 9.

Cao M, Li S, Deng Q, et al, 2021. Identification of a major – effect QTL associated with pre – harvest sprouting in cucumber (*Cucumis sativus* L. ) using the QTL – seq method [J]. BMC Genomics, 22 (1): 249.

Carver T L W, Kunoh H, Thomas B J, et al, 1999. Release and visualization of the extracellular matrix of conidia of *Blumeria graminis* [J]. Mycological Research, 103 (5): 547 – 560.

Chandrasekaran J, Brumin M, Wolf D, et al, 2016. Development of broad virus resistance in non – transgenic cucumber using CRISPR/Cas9 technology [J]. Molecular Plant Pathology, 17 (7): 1140 – 1153.

Che G, Pan Y, Liu X, et al, 2023. Natural variation in CRABS CLAW contributes to fruit length divergence in cucumber [J]. The Plant Cell, 35 (2): 738 – 755.

Che G, Zhang X, 2019. Molecular basis of cucumber fruit domestication [J]. Current Opinion in Plant Biology (47): 38 – 46.

Chen C, Chen H, Zhang Y, et al, 2020. TBtools: An integrative toolkit developed for interactive analyses of big biological data [J]. Molecular Plant, 13 (8): 1194 – 2002.

Chen S, Zhou Y, Chen Y, Gu J, 2018. fastp: an ultra – fast all – in – one FASTQ preprocessor [J]. Bioinformatics, 34 (17): 884 – 900.

Chen X, Goodwin S M, Boroff V L, et al, 2003. Cloning and characterization of the *WAX2* gene of *Arabidopsis* is involved in cuticle membrane and wax production [J]. Plant Cell, 15

(5)：1170－1185.

Cheon K S，Jeong Y M，Oh H，et al，2020. Development of 454 new kompetitive allele－specific PCR（KASP）markers for temperate japonica rice varieties［J］. Plants，9 (11)：1531.

Clough R C，Matthis A L，Barnum S R，et al，1992. Purification and characterization of 3－ketoacyl－acyl carrier protein synthase Ⅲ from spinach—A condensing enzyme utilizing acetyl－coenzyme A to initiate fatty acid synthesis［J］. Journal of Biological Chemistry，267 (29)：20992－20998.

Colle M，Weng Y，Kang Y，et al，2017. Variation in cucumber（*Cucumis sativus* L.）fruit size and shape results from multiple components acting pre－anthesis and post－pollination ［J］. Planta (246)：641－658.

Cui J Y，Miao H，Ding L H，et al，2016. A new glabrous gene（csgl3）identified in trichome development in cucumber（*Cucumis sativus* L.）. ［J］. PLoS One，11 (2)：e0148422.

Dahlke R I，Fraas S，Ullrich K K，et al，2017. Protoplast swelling and hypocotyl growth depend on different auxin signaling pathways［J］. Plant Physiology，175 (2)：982－994.

Danecek P，Auton A，Abecasis G，et al，2011. The variant call format and VCF tools［J］. Bioinformatics，27 (15)：2156－2158.

Das D，Eser B E，Han J，et al，2011. Oxygen－independent decarbonylation of aldehydes by cyanobacterial aldehyde decarbonylase：a new reaction of diiron enzymes［J］. Angewandte Chem－International Edition，50 (31)：7148－7152.

Denoeud F，Aury J M，Da Silva C，et al，2008. Annotating genomes with massive－scale RNA sequencing［J］. Genome biology (9)：1－12.

Dey S S，Sharma P K，Munshi A D，et al，2022. Genome wide identification of lncRNAs and circRNAs having regulatory role in fruit shelf life in health crop cucumber（*Cucumis sativus* L.）［J］. Front Plant Sci (13)：884476.

Dobin A，Davis C A，Schlesinger F，et al，2013. STAR：ultrafast universal RNA－seq aligner［J］. Bioinformatics，29 (1)：15－21.

Dou H，2004. Effect of coating application on chilling injury of grapefruit cultivars［J］. Hortscience A Publication of the American Society for Horticultural Science，39 (3)：558－561.

Dunn T M，Lynch D V，Michaelson L V，et al，2004. A post－genomic approach to understanding sphingolipid metabolism in *Arabidopsis thaliana*［J］. Annals of Botany，93 (5)：483－497.

Eddy S R，2011. Accelerated Profile HMM Searches［J］. PLoS computational biology，7 (10)：e1002195.

Eigenbrode S D，Espelie K E，1995. Effects of plant epicuticular lipids on insect herbivores ［J］. Annual Review of Entomology，40 (1)：171－194.

Eigenbrode SD, Rayor L, Chow J, et al, 2000. Effects of wax bloom variation in *Brassica oleracea on foraging by a vespid wasp* [J]. Entomologia Experimentalis et Applicata (97): 161 - 166.

Feng S, Zhang J, Mu Z, et al, 2020. Recent progress on the molecular breeding of *Cucumis sativus* L. in China [J]. Theoretical and Applied Genetics, 133 (5): 1777 - 1790.

Francisco J, Manzanares M, Eusebio F, et al, 2001. Residual transpiration rate, epicuticular wax load and leaf colour of pea plants in drought conditions—Influence on harvest index and canopy temperature [J]. European Journal of Agronomy, 15 (1): 57 - 70.

Galili T, 2015. Dendextend: an R package for visualizing, adjusting, and comparing trees of hierarchical clustering [J]. Bioinformatics, 31 (22): 3718 - 3720.

Garber M, Grabherr M G, Guttman M, et al, 2011. Computational methods for transcriptome annotation and quantification using RNA - seq [J]. Nature methods, 8 (6): 469 - 477.

Gebretsadik K, Qiu X, Dong S, et al, 2021. Molecular research progress and improvement approach of fruit quality traits in cucumber [J]. Theoretical and Applied Genetics (134): 3535 - 3552.

Gimode W, Bao K, Fei Z, et al, 2021. QTL associated with gummy stem blight resistance in watermelon [J]. Theoretical and Applied Genetics (134): 573 - 584.

Gray J E, Holroyd G H, van der Lee F M, et al, 2000. The *HIC* signalling pathway links $CO_2$ perception to stomatal development [J]. Nature (408): 713 - 716.

Grumet R, Lin Y C, Rett - Cadman S, et al, 2022. Morphological and genetic diversity of cucumber (*Cucumis sativus* L.) fruit development [J]. Plants, 12 (1): 23.

Gu Z, 2022. Complex heatmap visualization [J]. iMeta, 1 (3): 43.

Guan D, Halstead M M, Islas - Trejo A D, et al, 2022. Prediction of transcript isoforms in 19 chicken tissues by Oxford Nanopore long - read sequencing [J]. Front Genet (13): 997460.

Gülz P - G, Müller E, Schmitz K, et al, 1992. Chemical composition and surface structures of epicuticular leaf waxes of *Ginkgo biloba*, *Magnolia grandiflora* and *Liriodendron tulipifera* [J]. Zeitschrift für Naturforschung C (47): 516 - 526.

Guo R, Hu Y, Aoi Y, et al, 2021. Local conjugation of auxin by the GH3 amido synthetases is required for normal development of roots and flowers in *Arabidopsis* [J]. Biochemical and Biophysical Research Communications (589): 16 - 22.

Guo Y, Zhang G, Guo B, et al, 2020. QTL mapping for quality traits using a high - density genetic map of wheat [J]. Plos One, 15 (3): e0230601.

Han Q, Zhu Q, Shen Y, et al, 2022. QTL mapping low - temperature germination ability in the maize IBM Syn10 DH population [J]. Plants, 11 (2): 214.

Hegde Y, Kolattukudy P E, 1997. Cuticular waxes relieve self - inhibition of germination and appressorium formation by the conidia of *Magnaporthe grisea* [J]. Physiological and Molecular Plant Pathology (51): 75 – 84.

Hu B, Li D, Liu X, et al, 2017. Engineering non – transgenic gynoecious cucumber using an improved transformation protocol and optimized CRISPR/Cas9 system [J]. Molecular plant, 10 (12): 1575 – 1578.

Huang H, Yang Q, Zhang L, et al, 2022. Genome – wide association analysis reveals a novel QTL CsPC1 for pericarp color in cucumber [J]. BMC Genomics, 23 (1): 383.

Huang S, Li R, Zhang Z, et al, 2009. The genome of the cucumber (*Cucumis sativus* L. ) [J]. Nature genetics, 41 (12): 1275 – 1281.

Hwang K T, Weller C L, Cuppett S L, et al, 2004. Changes in composition and thermal transition temperatures of grain sorghum wax during storage [J]. Industrial Crops & Products, 19 (2): 125 – 132.

Hyun D Y, Sebastin R, Lee G A, et al, 2021. Genome – wide SNP markers for genotypic and phenotypic differentiation of melon (*Cucumis melo* L. ) varieties using genotyping – by – sequencing [J]. International Journal of Molecular Sciences, 22 (13): 6722.

Ilyas N, Amjid M W, Saleem M A, et al, 2020. Quantitative trait loci (QTL) mapping for physiological and biochemical attributes in a Pasban90/Frontana recombinant inbred lines (RILs) population of wheat (*Triticum aestivum*) under salt stress condition [J]. Saudi Journal of Biological Sciences, 27 (1): 341 – 351.

Isaacson T, Kosma D K, Matas A J, et al, 2009. Cutin deficiency in the tomato fruit cuticle consistently affects resistance to microbial infection and biomechanical properties, but not transpirational water loss [J]. The Plant Journal, 60 (2): 363 – 377.

Islam M A, Du H, Ning J, et al, 2009. Characterization of *Glossy1* – homologous genes in rice involved in leaf wax accumulation and drought resistance [J]. Plant Molecular Biology, 70 (4): 443 – 456.

James D W Jr, Lim E, et al, 1995. Directed tagging of the *Arabidopsis* FATTY ACID E-LONgATION1 (FAE1) gene with the maize transposon activator [J]. The Plant Cell, 7 (3): 309 – 319.

Jenks M A, Ashworth E N, 2010. Plant epicuticular waxes: function, production, and genetics [J]. Horticultural Reviews (23): 1 – 68.

Jenks M A, Joly R J, Peters P J, et al, 1994. Chemically induced cuticle mutation affecting epidermal conductance to water vapor and disease susceptibility in *Sorghum bicolor* (L. ) Moench [J]. Plant Physiology, 105 (4): 1239 – 1245.

Jenks M A, Tuttle H A, Eigenbrode S D, et al, 1995. Leaf epicuticular waxes of the eceriferum mutants in *Arabidopsis* [J]. Plant Physiology, 108 (1): 369 – 377.

Jetter R, Klinger A, Schäffer S, 2002. Very long – chain phenylpropyl and phenylbutyl esters from *Taxus baccata* needle cuticular waxes [J]. Phytochemistry, 61 (5): 579 - 587.

Joubès J, Raffaele S, Bourdenx B, et al, 2008. The VLCFA elongase gene family in *Arabidopsis thaliana*: phylogenetic analysis, 3D modelling and expression profiling [J]. Plant Molecular Biology, 67 (5): 547 - 566.

Jung J H, Domijan M, Klose C, et al, 2016. Phytochromes function as thermosensors in *Arabidopsis* [J]. Science (354): 886 - 889.

Juwattanasomran R, Somta P, Chankaew S, et al, 2011. A SNP in GmBADH2 gene associates with fragrance in vegetable soybean variety "Kaori" and SNAP marker development for the fragrance [J]. Theoretical and Applied Genetics, 122 (3): 533 - 541.

Kader J C, 1996. Lipid - transfer proteins in plants [J]. Annu Rev Plant Physiol Plant Mol Biol, 47 (47): 627 - 654.

Kang Y J, Yang D C, Kong L, et al, 2017. CPC2: a fast and accurate coding potential calculator based on sequence intrinsic features [J]. Nucleic Acids Research, 45 (W1): 12 - 16.

Kerstiens G, 1996. Cuticular water permeability and its physiological significance [J]. Journal of Experimental Botany (47): 1813 - 1832.

Kim D, Paggi J M, Park C, et al, 2019. Graph - based genome alignment and genotyping with HISAT2 and HISAT - genotype [J]. Nature biotechnology, 37 (8): 907 - 915.

Kim K S, Park S H, Jenks M A, 2007. Changes in leaf cuticular waxes of sesame (*Sesamum indicum* L.) plants exposed to water deficit [J]. Journal of Plant Physiology, 164 (9): 1134 - 1143.

Kim K S, Park S H, Kim D K, et al, 2007. Influence of water deficit on leaf cuticular waxes of soybean [*Glycine max* (L.) Merr.] [J]. International Journal of Plant Sciences, 168 (3): 307 - 316.

Kinnunen H, Huttunen S, Laakso K, 2001. UV - absorbing compounds and waxes of Scots pine needles during a third growing season of supplemental UV - B [J]. Environmental Pollution, 112 (2): 215 - 220.

Kishor D S, Lee H Y, Alavilli H, et al, 2021. Identification of an allelic variant of the CsOr gene controlling fruit endocarp color in cucumber (*Cucumis sativus* L.) using genotyping - by - sequencing (GBS) and whole - genome sequencing [J]. Frontiers in Plant Science (12): 802864.

Kleczkowski K, Schell J, Bandur R, 1995. Phytohormone conjugates: nature and function [J]. Critical Reviews in Plant Sciences, 14 (4): 283 - 298.

Kosma D K, Bourdenx B, Bernard A, et al, 2009. The impact of water deficiency on leaf cuticle lipids of *Arabidopsis* [J]. Plant Physiology, 151 (4): 1918 - 1929.

Kouadjo K E, Nishida Y, Cadrin - Girard J F, et al, 2007. Housekeeping and tissue - specific genes in mouse tissues [J]. BMC Genomics (8): 1 - 16.

Kunihiro A, Yamashino T, Nakamichi N, et al, 2011. Phytochrome – interacting factor 4 and 5 (PIF4 and PIF5) activate the homeobox ATHB2 and Auxin – Inducible IAA29 genes in the coincidence mechanism underlying photoperiodic control of plant growth of *Arabidopsis thaliana* [J]. Plant and Cell Physiology, 52 (8): 1315 – 1329.

Kunst L, Samuels L, 2003. Biosynthesis and secretion of plant cuticular wax [J]. Progress in Lipid Research, 42 (1): 51 – 80.

Kunst L, Samuels L, 2009. Plant cuticles shine: advances in wax biosynthesis and export [J]. Current Opinion in Plant Biology (12): 721 – 727.

Labarca C, Loewus F, 1973. The nutritional role of pistil exudate in pollen tube wall formation in *Lilium longiflorum* [J]. Plant Physiology (52): 87 – 92.

Lai C, Kunst L, Jetter R, 2010. Composition of alkyl esters in the cuticular wax on inflorescence stems of *Arabidopsis thaliana* cer mutants [J]. Plant Journal, 50 (2): 189 – 196.

Lange T, Kramer C, Pimenta Lange M J, 2020. The class Ⅲ gibberellin 2 – oxidases AtGA2ox9 and AtGA2ox10 contribute to cold stress tolerance and fertility [J]. Plant physiology, 184 (1): 478 – 486.

Lee D J, Zeevaart J A, 2005. Molecular cloning of GA 2 – oxidase3 from spinach and its ectopic expression in *Nicotiana sylvestris* [J]. Plant Physiology, 138 (1): 243 – 254.

Lee, Saet B, Jung, et al, 2010. Two *Arabidopsis* 3 – ketoacyl CoA synthase genes, KCS20 and KCS2/DAISY, are functionally redundant in cuticular wax and root suberin biosynthesis, but differentially controlled by osmotic stress [J]. Plant Journal, 60 (3): 462 – 475.

Leide J, Hildebrandt U, Reussing K, et al, 2007. The developmental pattern of tomato fruit wax accumulation and its impact on cuticular transpiration barrier properties: effects of a deficiency in a $\beta$ – ketoacyl – coenzyme A synthase (LeCER6) [J]. Plant Physiology, 144 (3): 1667 – 1679.

Leivar P, Quail P H, 2011. PIFs: pivotal components in a cellular signaling hub [J]. Trends in Plant Science, 16 (1): 19 – 28.

Li A, Zhang J, Zhou Z, 2014. PLEK: a tool for predicting long non – coding RNAs and messenger RNAs based on an improved k – mer scheme [J]. BMC Bioinformatics (15): 1 – 10.

Li B, Wang T, Guo Y, et al, 2022. Fine mapping of qDB. A03, a QTL for rapeseed branching, and identification of the candidate gene [J]. Molecular Genetics and Genomics, 297 (3): 699 – 710.

Li H, Durbin R, 2009. Fast and accurate short read alignment with Burrows – Wheeler transform [J]. Bioinformatics, 25 (14): 1754 – 1760.

Li H W, Zang B S, Deng X W, Wang X P, 2011. Overexpression of the trehalose – 6 – phosphate synthase gene OsTPS1 enhances abiotic stress tolerance in rice [J]. Planta (234): 1007 – 1018.

Li Q, Li H, Huang W, et al, 2019. A chromosome – scale genome assembly of cucumber (*Cucumis sativus* L. ) [J]. GigaScience, 8 (6): giz072.

Li W, Liang Q, Mishra R C, et al, 2021. The 5 – formyl – tetrahydrofolate proteome links folates with C/N metabolism and reveals feedback regulation of folate biosynthesis [J]. The Plant Cell, 33 (10): 3367 – 3385.

Li X, Lin S, Xiang C, et al, 2023. CUCUME: An RNA methylation database integrating systemic mRNAs signals, GWAS and QTL genetic regulation and epigenetics in different tissues of Cucurbitaceae [J]. Computational and Structural Biotechnology Journal (21): 837 – 846.

Li Y, Shan X, Jiang Z, et al, 2021. Genome – wide identification and expression analysis of the GA2ox gene family in maize (*Zea mays* L. ) under various abiotic stress conditions [J]. Plant Physiology and Biochemistry (166): 621 – 633.

Li Y, Wen C, Weng Y, 2013. Fine mapping of the pleiotropic locus B for black spine and orange mature fruit color in cucumber identifies a 50 kb region containing a R2R3 – MYB transcription factor [J]. Theoretical and Applied Genetics, 126 (8): 2187 – 2196.

Li Z, Zhang Z, Yan P, et al, 2011. RNA – Seq improves annotation of protein – coding genes in the cucumber genome [J]. BMC Genomics (12): 1 – 11.

Liu B, Weng J, Guan D, et al, 2021. A domestication – associated gene, CsLH, encodes a phytochrome B protein that regulates hypocotyl elongation in cucumber [J]. Molecular Horticulture, 1 (3): 1 – 5.

Liu B, Weng J, Guan D, et al, 2021. A domestication – associated gene, PHYB, encodes a phytochrome B protein that regulates hypocotyl elongation in cucumber [J]. Molecular Horticulture, 1 (1): 1 – 5.

Liu B, Zhao S, Li P, et al, 2021. Plant buffering against the high – light stress – induced accumulation of CsGA2ox8 transcripts via alternative splicing to finely tune gibberellin levels and maintain hypocotyl elongation [J]. Horticulture Research, 8 (1): 2.

Liu E, Macmillan C P, Shafee T, et al, 2020. Fasciclin – like arabinogalactan – protein 16 (FLA16) is required for stem development in *Arabidopsis* [J]. Front Plant Sci (11): 615392.

Liu X, Fu L, Qin P, et al, 2019. Overexpression of the wheat trehalose 6 – phosphate synthase 11 gene enhances cold tolerance in *Arabidopsis thaliana* [J]. Gene (710): 210 – 217.

Liu X, Pan Y, Liu C, et al, 2020. Cucumber fruit size and shape variations explored from the aspects of morphology, histology, and endogenous hormones [J]. Plants, 9 (6): 772.

Liu X, Wang T, Bartholomew E, et al, 2018. Comprehensive analysis of NAC transcription factors and their expression during fruit spine development in cucumber (*Cucumis sativus*

L. ）[J]. Horticulture Research，5（1）：556 - 569.

Liu X，Yang X，Xie Q，et al，2022. NS encodes an auxin transporter that regulates the 'numerous spines' trait in cucumber (*Cucumis sativus*) fruit [J]. The Plant Journal，110 (2)：325 - 336.

Liu Y，Dong S，Wei S，et al，2021. QTL mapping of heat tolerance in cucumber (*Cucumis sativus* L. ) at adult stage [J]. Plants，10（2）：324.

Liu Y，Xiong Y，2022. Plant target of rapamycin signaling network：Complexes，conservations，and specificities [J]. J Integr Plant Biol（64）：342 - 370.

Lo S F，Ho T D，Liu Y L，et al，2017. Ectopic expression of specific GA2 oxidase mutants promotes yield and stress tolerance in rice [J]. Plant Biotechnology Journal，15（7）：850 - 864.

Lo S F，Yang S Y，Chen K T，et al，2008. A novel class of gibberellin 2 - oxidases control semidwarfism，tillering，and root development in rice [J]. The Plant Cell，20（10）：2603 - 2618.

Lu H，Lin T，Klein J，et al，2014. QTL - seq identifies an early flowering QTL located near Flowering Locus T in cucumber [J]. Theoretical and Applied Genetics（127）：1491 - 1499.

Luo B，Xue X Y，Hu W L，et al，2007. An ABC Transporter gene of *Arabidopsis thaliana*，AtWBC11，is involved in cuticle development and prevention of organ fusion [J]. Plant and Cell Physiology，48（12）：1790 - 1802.

Luo X，Bai X，Sun X，et al，2013. Expression of wild soybean *WRKY20* in *Arabidopsis* enhances drought tolerance and regulates ABA signalling [J]. Journal of Experimental Botany (64)：2155 - 2169.

Lv J，Qi J，Shi Q，et al，2012. Genetic diversity and population structure of cucumber (*Cucumis sativus* L. ) [J]. PLoS One，7（10）：e46919.

Lykholat Y V，Khromykh N A，Didur O O，2020. Modification of the epicuticular waxes of plant leaves due to increased sunlight intensity [J]. Biosystems Diversity（28）：29 - 33.

Maaten L V D，Hinton G，2008. Visualizing data using t - SNE [J]. Journal of Machine Learning Research，9（11）：2579 - 2605.

Magome H，Nomura T，Hanada A，et al，2013. CYP714B1 and CYP714B2 encode gibberellin 13 - oxidases that reduce gibberellin activity in rice [J]. Proc Natl Acad Sci USA，110 (5)：1947 - 1952.

Manheim B S，Mulroy T W，1978. Triterpenoids in epicuticular waxes of *Dudleya* species [J]. Phytochemistry（17）：1799 - 1800.

Manheim B S，Mulroy T W，Hogness D K，et al，1979. Interspecific variation in leaf wax of *Dudleya* [J]. Biochemical Systematics and Ecology（7）：17 - 19.

Mao B，Cheng Z，Lei C，et al，2012. Wax crystal - sparse leaf2，a rice homologue of WAX2/GL1，is involved in synthesis of leaf cuticular wax [J]. Planta，235（1）：39 - 52.

Mao Z, He S, Xu F, et al, 2020. Photoexcited CRY1 and phyB interact directly with ARF6 and ARF8 to regulate their DNA – binding activity and auxin – induced hypocotyl elongation in *Arabidopsis* [J]. New Phytologist, 225 (2): 848 – 865.

Maragal S, Nagesh G C, Reddy D C L, et al, 2022. QTL mapping identifies novel loci and putative candidate genes for rind traits in watermelon [J]. 3 Biotech, 12 (2): 46.

Markstädter C, Federle W, Jetter R, et al, 2000. Chemical composition of the slippery epicuticular wax blooms on *Macaranga* (Euphorbiaceae) ant – plants [J]. Chemoecology, 10 (1): 33 – 40.

Martinez – Bello L, Moritz T, Lopez – Diaz I, 2015. Silencing C19 – GA 2 – oxidases induces parthenocarpic development and inhibits lateral branching in tomato plants [J]. Journal of Experimental Botany, 66 (19): 5897 – 5910.

Mckenna A, Hanna M, Banks E, et al, 2010. The genome analysis toolkit: a map reduce framework for analyzing next – generation DNA sequencing data [J]. Genome research, 20 (9): 1297 – 1303.

Merk S, Riederer B M, 1998. Phase behaviour and crystallinity of plant cuticular waxes studied by fourier transform infrared spectroscopy [J]. Planta, 204 (1): 44 – 53.

Millar A A, Kunst L, 1997. Very – long – chain fatty acid biosynthesis is controlled through the expression and specificity of the condensing enzyme [J]. The Plant Journal, 12 (1): 121 – 131.

Millar A, Clemens S, Zachgo S, et al, 1999. CUT1, an *Arabidopsis* gene required for cuticular wax biosynthesis and pollen fertility, encodes a very – long – chain fatty acid condensing enzyme [J]. Plant Cell, 11 (5): 825 – 838.

Moles A T, Warton D I, Warman L, et al, 2009. Global patterns in plant height [J]. Journal of Ecology (97): 923 – 932.

Mollavali M, Börnke F, 2022. Characterization of trehalose – 6 – phosphate synthase and trehalose – 6 – phosphate phosphatase genes of tomato (*Solanum lycopersicum* L.) and analysis of their differential expression in response to temperature [J]. Int J Mol Sci, 23 (19): 11436.

Nakaya M, Tsukaya H, Murakami N, et al, 2002. Brassinosteroids control the proliferation of leaf cells of *Arabidopsis thaliana* [J]. Plant and Cell Physiology, 43 (2): 239 – 244.

Ohbayashi K, Ishikawa N, Hodoki Y, et al, 2019. Rapid development and characterization of EST – SSR markers for the honey locust seed beetle, *Megabruchidius dorsalis* (Coleoptera: Bruchidae), using de novo transcriptome analysis based on next – generation sequencing [J]. Applied entomology and zoology, 54 (1): 141 – 145.

Pan Y, B Chen, L Qiao, et al, 2022. Phenotypic Characterization and Fine mapping of a major – effect fruit shape QTL FS5. 2 in cucumber, *Cucumis sativus* L. , with near – isogenic line – derived segregating populations [J]. International Journal of Molecular Sciences, 23 (21): 13384.

Pan Y, Liang X, Gao M, et al, 2017. Round fruit shape in WI7239 cucumber is controlled by two interacting quantitative trait loci with one putatively encoding a tomato SUN homolog [J]. Theoretical and Applied Genetics (130): 573 – 586.

Pandey S, Ansari W A, Pandey M, et al, 2018. Genetic diversity of cucumber estimated by morpho – physiological and EST – SSR markers [J]. Physiology and Molecular Biology of Plants, 24 (1): 135 – 146.

Patil G, Chaudhary J, Vuong T D, et al, 2017. Development of SNP genotyping assays for seed composition traits in soybean [J]. International Journal of Plant Genomics (1): 1 – 12.

Perpiñá G, Esteras C, Gibon Y, et al, 2016. A new genomic library of melon introgression lines in a cantaloupe genetic background for dissecting desirable agronomical traits [J]. BMC Plant Biology (16): 1 – 21.

Pertea M, Pertea G M, Antonescu C M, et al, 2015. StringTie enables improved reconstruction of a transcriptome from RNA – seq reads [J]. Nature biotechnology, 33 (3): 290 – 295.

Pichler H, Gaigg B, Hrastnik C, et al, 2010. A subfraction of the yeast endoplasmic reticulum associates with the plasma membrane and has a high capacity to synthesize lipids [J]. European Journal of Biochemistry, 268 (8): 2351 – 2361.

Pighin J A, 2004. Plant cuticular lipid export requires an ABC transporter [J]. Science, 306 (5696): 702 – 704.

Pollard M, Beisson F, Li Y, et al, 2008. Building lipid barriers: biosynthesis of cutin and suberin [J]. Trends in Plant Science, 13 (5): 236 – 246.

Post – Beittenmiller D, 1996. Biochemistry and molecular biology of wax production in plants [J]. Annual Review of Plant Biology (47): 405 – 430.

Preuss D, Lemieux B, Yen G, et al, 1993. A conditional sterile mutation eliminates surface components from *Arabidopsis* pollen and disrupts cell signaling during fertilization [J]. Genes and Development, 7 (6): 974 – 985.

Qi J, Liu X, Shen D I, et al, 2013. A genomic variation map provides insights into the genetic basis of cucumber domestication and diversity [J]. Nature Genetics, 45 (12): 1510 – 1515.

Qiao X, Li Q, Yin H, et al, 2019. Gene duplication and evolution in recurring polyploidization – diploidization cycles in plants [J]. Genome biology (20): 1 – 23.

Qin B, Tang D, Huang J, et al, 2011. Rice *OsGL1 – 1* is involved in leaf cuticular wax and cuticle membrane [J]. Molecular Plant, 4 (6): 985 – 995.

Radi A, Lange T, Niki T, et al, 2006. Ectopic expression of pumpkin gibberellin oxidases alters gibberellin biosynthesis and development of transgenic *Arabidopsis* plants [J]. Plant

Physiology, 140 (2): 528 - 536.

Rafalski A, 2002. Applications of single nucleotide polymorphisms in crop genetics [J]. Current O-pinion in Plant Biology, 5 (2): 94 - 100.

Reicosky D A, Hanover J W, 1978. Physiological effects of surface waxes: I Light reflec-tance for glaucous and nonglaucous *Picea pungens* [J]. Plant Physiology (62): 101 - 104.

Reisige K, Gorzelanny C, Daniels U, et al, 2006. The C28 aldehyde octacosanal is a mor-phogenetically active component involved in host plant recognition and infection structure differentiation in the wheat stem rust fungus [J]. Physiological and Molecular Plant Pathol-ogy (68): 33 - 40.

Rensing S A, Lang D, Zimmer A D, et al, 2008. The *Physcomitrella* genome reveals evolu-tionary insights into the conquest of land by plants [J]. Science (319): 64 - 69.

Reynhardt E C, Riederer M, 1991. Structure and molecular dynamics of the cuticular wax from leaves of *Citrus aurantium* L. [J]. Journal of Physics D: Applied Physics, 24 (3): 478 - 486.

Ritchie M E, Phipson B, Wu D, et al, 2015. limma powers differential expression analyses for RNA - sequencing and microarray studies [J]. Nucleic Acids Research, 43 (7): e47.

Roberts A, Pimentel H, Trapnell C, et al, 2011. Identification of novel transcripts in anno-tated genomes using RNA - Seq [J]. Bioinformatics, 27 (17): 2325 - 2329.

Rosenquist J K, Morrison J C, 1989. Some factors affecting cuticle and wax accumulation on grape berries [J]. American Journal of Enology & Viticulture (40): 241 - 244.

Rowland O, Zheng H, Hepworth S R, et al, 2006. CER4 encodes an alcohol - forming fatty acyl - coenzyme a reductase involved in cuticular wax production in *Arabidopsis* [J]. Plant Physiology, 142 (3): 866 - 877.

Sachetto M, Fernandes L D, Felix D B, et al, 1995. Preferential transcriptional activity of a gly-cine - rich protein gene from *Arabidopsis thaliana* in protoderm - derived cells [J]. International Journal of Plant Sciences, 156 (4): 460 - 470.

Sakamoto T, Miura K, Itoh H, et al, 2004. An overview of gibberellin metabolism enzyme genes and their related mutants in rice [J]. Plant physiology, 134 (4): 1642 - 1653.

Sakamoto T, Morinaka Y, Ishiyama K, et al, 2003. Genetic manipulation of gibberellin me-tabolism in transgenic rice [J]. Nature biotechnology, 21 (8): 909 - 913.

Samuels B A, Kunst L, 2003. Biosynthesis and secretion of plant cuticular wax [J]. Progress in Lipid Research, 42 (1): 51 - 80.

Samuels L, Kunst L, Jetter R, 2008. Sealing plant surfaces: cuticular wax formation by ep-idermal cells [J]. Plant Biology (59): 683 - 707.

Satoshi F, Atsushi S, Hirokazu K, et al, 2008. Effects of ultraviolet - B irradiation on the cu-ticular wax of cucumber (*Cucumis sativus*) cotyledons [J]. Plant Res, 121 (2): 179 - 189.

Schliemann G S W，1994. Gibberellin conjugates：an overview [J]. Plant Growth Regulation (15)：247 - 260.

Schlötterer C，2004. The evolution of molecular markers—just a matter of fashion？ [J]. Nature Reviews Genetics, 5 (1)：63 - 69.

Schnurr J A，Shockey J M，Boer g J D，et al，2002. Fatty acid export from the chloroplast. molecular characterization of a major plastidial acyl - coenzyme a synthetase from *Arabidopsis* [J]. Plant Physiology，129 (4)：1700 - 1709.

Schnurr J，Shockey J，Browse J，2004. The Acyl - CoA synthetase encoded by LACS2 is essential for normal cuticle development in *Arabidopsis* [J]. Plant Cell，16 (3)：629 - 642.

Schomburg F M，Bizzell C M，Lee D J，et al，2003. Overexpression of a novel class of gibberellin 2 - oxidases decreases gibberellin levels and creates dwarf plants [J]. The Plant Cell，15 (1)：151 - 163.

Schulz B，Frommer W B，2004. Plant biology—A plant ABC transporter takes the lotus seat [J]. Science，306 (5696)：622 - 625.

Semagn K，Babu R，Hearne S，et al，2014. Single nucleotide polymorphism genotyping using kompetitive allele specific PCR (KASP)：overview of the technology and its application in crop improvement [J]. Molecular Breeding，33 (1)：1 - 14.

Senns B，Fuchs P，Schneider G，1998. GC - MS quantification of gibberellin A20 - 13 - O - glucoside and gibberellin A8 - 2 - O - glucoside in developing barley caryopses [J]. Phytochemistry (48)：1275 - 1280.

Seo P J，Lee S B，Suh M C，et al，2011. The MYB96 transcription factor regulates cuticular wax biosynthesis under drought conditions in *Arabidopsis* [J]. Plant Cell (23)：1138 - 1152.

Serrani J C，Sanjuan R，Ruiz - Rivero O，et al，2007. Gibberellin regulation of fruit set and growth in tomato [J]. Plant Physiology，145 (1)：246 - 257.

Shang Y，Ma Y，Zhou Y，et al，2014. Biosynthesis，regulation，and domestication of bitterness in cucumber [J]. Science，346 (6213)：1084 - 1088.

Shanklin J，Whittle E，Fox B，1994. Eight histidine residues are catalytically essential in a membrane - associated iron enzyme, stearoyl - CoA desaturase, and are conserved in alkane hydroxylase and xylene monooxygenase [J]. Biochemistry，33 (43)：12787 - 12794.

Sheerin D J，Menon C，Oven - Krockhaus S Z，et al，2015. Light - activated phytochrome A and B interact with members of the SPA family to promote photomorphogenesis in *Arabidopsis* by reorganizing the COP1/SPA complex [J]. The Plant Cell，27 (1)：189 - 201.

Shen J，Xu X，Zhang Y，et al，2021. Genetic mapping and identification of the candidate genes for mottled rind in *Cucumis melo* L. [J]. Frontiers in Plant Science (12)：769989.

Shimakata T，Stumpf P K，1982. Isolation and function of spinach leaf beta - ketoacyl - [acyl - carrier - protein] synthases [J]. Proceedings of the National Academy of Sciences of the United States of America, 79 (19): 5808 – 5812.

Shimomura K, Horie H, Sugiyama M, et al, 2016. Quantitative evaluation of cucumber fruit texture and shape traits reveals extensive diversity and differentiation [J]. Scientia Horticulturae (199): 133 – 141.

Shockey J M, Fulda M S, Browse J A, 2002. *Arabidopsis* contains nine long – chain acyl – coenzyme a synthetase genes that participate in fatty acid and glycerolipid metabolism [J]. Plant Physiology, 129 (4): 1710 – 1722.

Sieber P, Schorderet M, Ryser U, et al, 2000. Transgenic *Arabidopsis* plants expressing a fungal cutinase show alterations in the structure and properties of the cuticle and postgenital organ fusions [J]. The Plant Cell, 12 (5): 721 – 737.

Singh D P, Filardo F F, Storey R, et al, 2010. Overexpression of a gibberellin inactivation gene alters seed development, KNOX gene expression, and plant development in *Arabidopsis* [J]. Physiologia Plantarum, 138 (1): 74 – 90.

Sonawane A R, Platig J, Fagny M, et al, 2017. Understanding tissue – specific gene regulation [J]. Cell Reports, 21 (4): 1077 – 1088.

Song M, Yu X, Lou Q, 2018. Fine mapping of CsVYL, conferring virescent leaf through the regulation of chloroplast development in cucumber [J]. Frontiers in Plant Science (9): 353758.

Staehelin L A, 1997. The plant ER: A dynamic organelle composed of a large number of discrete functional domains [J]. The Plant Journal, 11 (6): 1151 – 1165.

Stein L, 2001. Genome annotation: from sequence to biology [J]. Nature Reviews Genetics, 2 (7): 493 – 503.

Sun C, Dong Z, Zhao L, et al, 2020. The Wheat 660K SNP array demonstrates great potential for marker – assisted selection in polyploid wheat [J]. Plant Biotechnology Journal, 18 (6): 1354 – 1360.

Sun J, Qi L, Li Y, et al, 2012. PIF4 – mediated activation of YUCCA8 expression integrates temperature into the auxin pathway in regulating arabidopsis hypocotyl growth [J]. PLoS Genetics, 8 (3): e1002594.

Sun Y, Hou H, Song H, et al, 2018. The comparison of alternative splicing among the multiple tissues in cucumber [J]. BMC Plant Biology, 18 (1): 1 – 12.

Sun Y, Zhang H, Fan M, et al, 2020. Genome – wide identification of long non – coding RNAs and circular RNAs reveal their ceRNA networks in response to cucumber green mottle mosaic virus infection in watermelon [J]. Arch Virol, 165 (5): 1177 – 1190.

Tang D, Simonich MT, Innes RW, 2007. Mutations in LACS2, a long – chain acyl – coenzyme A synthetase, enhance susceptibility to avirulent *Pseudomonas syringae* but confer resistance to *Botrytis cinerea* in *Arabidopsis* [J]. Plant Physiology (144): 1093 – 1103.

Taton M, Husselstein T, Benveniste P, et al, 2000. Role of highly conserved residues in the reaction catalyzed by recombinant $\triangle^7$ – sterol – C5 (6) – desaturase studied by site – directed mutagenesis [J]. Biochemistry, 39 (4): 701 – 711.

Tellier, Frédérique, Satiatjeunemaitre B, et al, 2011. Very – long – chain fatty acids are required for cell plate formation during cytokinesis in *Arabidopsis thaliana* [J]. Journal of Cell Science, 124 (19): 3223 – 3234.

Terzaghi W B, Cashmore A R, 1995. Light – regulated transcription [J]. Annual Review of Plant Physiology and Plant Molecular Biology (64): 445 – 474.

Thoenes E, Dixit S, Pereira A, et al, 2004. The SHINE clade of AP2 domain transcription factors activates wax biosynthesis, alters cuticle properties, and confers drought tolerance when overexpressed in *Arabidopsis* [J]. Plant Cell, 16 (9): 2463 – 2480.

Thomson M J, 2014. High – throughput SNP genotyping to accelerate crop improvement [J]. Plant Breeding and Biotechnology, 2 (3): 195 – 212.

Tian J, Zhang F, Zhang G, et al, 2024. A long noncoding RNA functions in pumpkin fruit development through S – adenosyl – L – methionine synthetase [J]. Plant Physiol, 195 (2): 940 – 957.

Tyagi R K, Agrawal A, 2015. Revised genebank standards for management of plant genetic resources [J]. Indian Journal of Agricultural Sciences, 85 (2): 157 – 165.

Uppalapati S R, Ishiga Y, Doraiswamy V, et al, 2012. Loss of abaxial leaf epicuticular wax in *Medicago truncatula irg*1/*palm*1 mutants results in reduced spore differentiation of anthracnose and nonhost rust pathogens [J]. Plant Cell (24): 353 – 370.

Vogg G, Fischer S, Leide J, et al, 2004. Tomato fruit cuticular waxes and their effects on transpiration barrier properties: functional characterization of a mutant deficient in a very – long – chain fatty acid β – ketoacyl – CoA synthase [J]. Journal of Experimental Botany, 55 (401): 1401 – 1410.

Von W, Knowles P, 1982. Elongase and epicuticular wax biosynthesis [J]. Physiology Vegetable (20): 797 – 809.

Wang C, Yao H, Wang C, et al, 2024. Transcription factor CsMYB36 regulates fruit neck length via mediating cell expansion in cucumber [J]. Plant Physiology, 195 (2): 958 – 969.

Wang G, Yin H, Li B, et al, 2019. Characterization and identification of long non – coding RNAs based on feature relationship [J]. Bioinformatics, 35 (17): 2949 – 2956.

Wang W J, Zhang Y, Xu C, et al, 2015. Cucumber ECERIFERUM1 (CsCER1), which influences the cuticle properties and drought tolerance of cucumber, plays a key role in VLC alkanes biosynthesis [J]. Plant Mol Biol, 87 (3): 219 – 233.

Wang W, Liu X W, Gai X S, et al, 2015. *Cucumis sativus* L. WAX2 plays a pivotal role in wax biosynthesis, influencing pollen fertility and plant biotic and abiotic stress responses

［J］. Plant Cell Physiol，56（7）：1339 - 1354.

Wang X，Bao K，Reddy U K，et al，2018. The USDA cucumber (*Cucumis sativus* L.) collection：genetic diversity，population structure，genome - wide association studies，and core collection development ［J］. Horticulture Research，5（1）：1 - 13.

Wang X，Li H，Gao Z，et al，2020. Localization of quantitative trait loci for cucumber fruit shape by a population of chromosome segment substitution lines ［J］. Scientific Reports，10（1）：11030.

Wang X，Li M W，Wong F L，et al，2021. Increased copy number of gibberellin 2 - oxidase 8 genes reduced trailing growth and shoot length during soybean domestication ［J］. The Plant Journal，107（6）：1739 - 1755.

Wang X，Ma Q，Wang R，et al，2019. Submergence stress - induced hypocotyl elongation through ethylene signaling - mediated regulation of cortical microtubules in *Arabidopsis* ［J］. Journal of Experimental Botany，71（3）：1067 - 1077.

Wang Y，Bo K，Gu X，et al，2020. Molecularly tagged genes and quantitative trait loci in cucumber with recommendations for QTL nomenclature ［J］. Hortic Res（7）：3.

Wang Y，Tang H，Debarry J D，et al，2012. MCScanX：a toolkit for detection and evolutionary analysis of gene synteny and collinearity ［J］. Nucleic Acids Research，40（7）：e49.

Wang Y，Vanden Langenberg K，Wehner T C，et al，2016. QTL mapping for downy mildew resistance in cucumber inbred line WI7120（PI 330628）. ［J］. Theoretical and Applied Genetics（129）：1493 - 1505.

Wang Z，Gerstein M，Snyder M，2009. RNA - Seq：a revolutionary tool for transcriptomics ［J］. Nature reviews genetics，10（1）：57 - 63.

Wang Z，Wang L，Han L，et al，2021. HECATE2 acts with GLABROUS3 and Tu to boost cytokinin biosynthesis and regulate cucumber fruit wart formation ［J］. Plant Physiology，187（3）：1619 - 1635.

Wang Z，Zhou Z，Wang L，et al，2022. The CsHEC1 - CsOVATE module contributes to fruit neck length variation via modulating auxin biosynthesis in cucumber ［J］. Proceedings of the National Academy of Sciences，119（39）：e2209717119.

Wei Q，Fu W，Wang Y，et al，2016. Rapid identification of fruit length loci in cucumber (*Cucumis sativus* L.) using next - generation sequencing（NGS）- based QTL analysis ［J］. Scientific Reports，6（1）：27496.

Wei Q，Wang Y，Qin X，et al，2014. An SNP - based saturated genetic map and QTL analysis of fruit - related traits in cucumber using specific - length amplified fragment（SLAF）sequencing ［J］. BMC Genomics（15）：1 - 10.

Wen C，Mao A，Dong C，et al，2015. Fine genetic mapping of target leaf spot resistance gene cca - 3 in cucumber，*Cucumis sativus* L. ［J］. Theoretical and applied genetics (128)：2495 - 2506.

Weng Y，Colle M，Wang Y，et al，2015. QTL mapping in multiple populations and development stages reveals dynamic quantitative trait loci for fruit size in cucumbers of different market classes ［J］. Theoretical and Applied Genetics (278)：1747 - 1763.

Wickham H，2009. ggplot2：Elegant graphics for data analysis ［J］. Journal of the Royal Statistical Society Series A：Statistics in Society，174 (1)：245 - 246.

Woodhead S，1983. Surface chemistry of Sorghum bicolor and its importance in feeding by *Locusta migratoria* ［J］. Physiological Entomology，8 (3)：345 - 352.

Wu J，Wang Q，Xu L，et al，2018. Combining single nucleotide polymorphism genotyping array with bulked segregant analysis to map a gene controlling adult plant resistance to stripe rust in wheat line 03031 - 1 - 5 H62 ［J］. Phytopathology，108 (1)：103 - 113.

Wucher V，Legeai F，Hédan B，et al，2017. FEELnc：a tool for long non - coding RNA annotation and its application to the dog transcriptome ［J］. Nucleic acids research，45 (8)：e57.

Xiao S，Zhang C，Zou Q，Ji Z，2010. TiSGeD：a database for tissue - specific genes ［J］. Bioinformatics，26 (9)：1273 - 1275.

Xie Y，Liu X，Sun C，et al，2023. CsTRM5 regulates fruit shape via mediating cell division direction and cell expansion in cucumber ［J］. Horticulture Research，10 (3)：uhad007.

Xin T，Zhang Z，Li S，et al，2019. Genetic regulation of ethylene dosage for cucumber fruit elongation ［J］. Plant Cell，31 (5)：1063 - 1076.

Xing Y，Cao Y，Ma Y，et al，2023. QTL mapping and transcriptomic analysis of fruit length in cucumber ［J］. Frontiers in Plant Science (14)：1208675.

Xu T，Jin P，Qin Z S，2020. Regulatory annotation of genomic intervals based on tissue - specific expression QTLs ［J］. Bioinformatics，36 (3)：690 - 697.

Xu X，Ji J，Xu Q，et al，2017. Inheritance and quantitative trail loci mapping of adventitious root numbers in cucumber seedlings under waterlogging conditions ［J］. Molecular genetics and genomics，292 (2)：353 - 364.

Xu X，Lu L，Zhu B，et al，2015. QTL mapping of cucumber fruit flesh thickness by SLAF - seq ［J］. Scientific Reports，5 (1)：15829.

Xu X，Wei C，Liu Q，et al，2020. The major - effect quantitative trait locus Fnl7. 1 encodes a late embryogenesis abundant protein associated with fruit neck length in cucumber ［J］. Plant Biotechnology Journal，18 (7)：1598 - 1609.

Yang J，Isabel Ordiz M，Jaworski J G，et al，2011. Induced accumulation of cuticular waxes enhances drought tolerance in *Arabidopsis* by changes in development of stomata ［J］. Plant Physiology and Biochemistry (49)：1448 - 1455.

Yang X, Zhang W, He H, et al, 2014. Tuberculate fruit gene Tu encodes a $C_2H_2$ zinc finger protein that is required for the warty fruit phenotype in cucumber (*Cucumis sativus* L.) [J]. The Plant Journal, 78 (6): 1034 – 1046.

Yang Y, Liang T, Zhang L, et al, 2018. UVR8 interacts with WRKY36 to regulate HY5 transcription and hypocotyl elongation in *Arabidopsis* [J]. Nature Plants, 4 (2): 98 – 107.

Ye J, Liu H, Zhao Z, et al, 2020. Fine mapping of the QTL cqSPDA2 for chlorophyll content in *Brassica napus* L. [J]. BMC Plant Biology (20): 1 – 9.

Yeo E T, Kwon H B, Han S E, et al, 2000. Genetic engineering of drought resistant potato plants by introduction of the trehalose – 6 – phosphate synthase (TPS1) gene from *Saccharomyces cerevisiae* [J]. Molecules and Cells, 10 (3): 263 – 268.

Zabka V, Stangl M, Bringmann G, et al, 2008. Host surface properties affect prepenetration processes in the barley powdery mildew fungus [J]. The New Phytologist, 177 (1): 251 – 263.

Zachowski A, Guerbette F, Michèle G, et al, 1998. Characterisation of acyl binding by a plant lipid – transfer protein [J]. European Journal of Biochemistry, 257 (2): 443 – 448.

Zhang H, Wang L, Zheng S, et al, 2016. A fragment substitution in the promoter of CsHDZIV11/CsGL3 is responsible for fruit spine density in cucumber (*Cucumis sativus* L.) [J]. Theoretical and Applied Genetics (129): 1289 – 1301.

Zhang H, Zhang X, Li M, et al, 2022. Molecular mapping for fruit – related traits, and joint identification of candidate genes and selective sweeps for seed size in melon [J]. Genomics, 114 (2): 110306.

Zhang J, Yang J, Zhang L, et al, 2020. A new SNP genotyping technology target SNP – seq and its application in genetic analysis of cucumber varieties [J]. Scientific Reports, 10 (1): 5623.

Zhang J Y, Broeckling C D, Blancaflor E B, et al, 2005. Overexpression of *WXP*1, a putative *Medicago truncatula* AP2 domain – containing transcription factor gene, increases cuticular wax accumulation and enhances drought tolerance in transgenic alfalfa (*Medicago sativa*). [J]. Plant Journal (42): 689 – 707.

Zhang T, Li X, Yang Y, et al, 2019. Genetic analysis and QTL mapping of fruit length and diameter in a cucumber (*Cucumber sativus* L.) recombinant inbred line (RIL) population [J]. Scientia Horticulturae (250): 214 – 222.

Zhang Y, Wang J, Yang L, et al, 2022. Development of SSR and SNP markers for identifying opium poppy [J]. International Journal of Legal Medicine, 136 (5): 1261 – 1271.

Zhang Y, Zhou F, Wang H, et al, 2023. Genome – wide comparative analysis of the fasciclin – like arabinogalactan proteins (FLAs) in *Salicacea* and identification of secondary tissue development – related genes [J]. Int J Mol Sci, 24 (2): 1481.

Zhang Z, Guo J, Cai X, et al, 2022. Improved reference genome annotation of *Brassica rapa by pacific biosciences* RNA Sequencing [J]. Front Plant Sci (13): 841618.

Zhao H, Sun Z, Wang J, et al, 2014. CrossMap: a versatile tool for coordinate conversion between genome assemblies [J]. Bioinformatics, 30 (7): 1006 – 1007.

Zhao J, Jiang L, Che G, et al, 2019. A functional allele of CsFUL1 regulates fruit length through repressing CsSUP and inhibiting auxin transport in cucumber [J]. The Plant Cell, 31 (6): 1289 – 1307.

Zhao J, Li Y, Ding L, et al, 2016. Phloem transcriptome signatures underpin the physiological differentiation of the pedicel, stalk and fruit of cucumber (*Cucumis sativus* L.) [J]. Plant and Cell Physiology, 57 (1): 19 – 34.

Zheng H, 2005. Disruptions of the *Arabidopsis* Enoyl – CoA reductase gene reveal an essential role for very – long – chain fatty acid synthesis in cell expansion during plant morphogenesis [J]. The Plant Cell Online, 17 (5): 1467 – 1481.

Zhou G, Chen C, Liu X, et al, 2022. The formation of hollow trait in cucumber (*Cucumis sativus* L.) fruit is controlled by CsALMT2 [J]. International Journal of Molecular Sciences, 23 (11): 6173.

Zhu W Y, Huang L, Chen L, et al, 2016. A high – density genetic linkage map for cucumber (*Cucumis sativus* L.): based on specific length amplified fragment (SLAF) sequencing and QTL analysis of fruit traits in cucumber [J]. Frontiers in Plant Science (7): 437.

**图书在版编目（CIP）数据**

黄瓜群体构建及不同表型分子研究／王文娇著.
北京：中国农业出版社，2024. 11. -- ISBN 978 - 7 - 109 -
32993 - 5

Ⅰ. S642.203

中国国家版本馆 CIP 数据核字第 2025AK9333 号

黄瓜群体构建及不同表型分子研究
**HUANGGUA QUNTI GOUJIAN JI BUTONG BIAOXING FENZI YANJIU**

中国农业出版社出版

地址：北京市朝阳区麦子店街 18 号楼
邮编：100125
责任编辑：冀　刚
版式设计：书雅文化　　责任校对：吴丽婷
印刷：中农印务有限公司
版次：2024 年 11 月第 1 版
印次：2024 年 11 月北京第 1 次印刷
发行：新华书店北京发行所
开本：700mm×1000mm　1/16
印张：12.25　插页：4
字数：220 千字
定价：78.00 元